阅读中华国粹 傅璇琮／主编

服饰

服饰美化了人们的生活，具有鲜明的时代烙印。服饰文化的构成复杂，内涵深邃，既是展现人类聪明才智的物质文化，又是负载人类世界观、价值观、道德观的生活文化。

宋新影
吴存浩／编著

泰山出版社

图书在版编目（CIP）数据

服饰/宋新影，吴存浩编著．-- 济南：泰山出版
社，2012.11（2017.2 重印）
ISBN 978-7-5519-0071-3

Ⅰ．①服… Ⅱ．①宋… ②吴… Ⅲ．①服饰—文化—中
国—青年读物②服饰—文化—中国—少年读物 Ⅳ．① TS941.742-49

中国版本图书馆 CIP 数据核字 (2012) 第 019018 号

编　　著　宋新影，吴存浩
责任编辑　汤敏建
装帧设计　林静文化

服　饰

出　　版　泰山出版社
　　社　　址　济南市马鞍山路 58 号 8 号楼　　邮编　250002
　　电　　话　总编室（0531）82023579
　　　　　　　市场营销部（0531）82025510　82020455
　　网　　址　www.tscbs.com
　　电子信箱　tscbs@sohu.com
发　　行　新华书店经销
印　　刷　北京飞达印刷有限责任公司
规　　格　710×1000 mm　16 开
印　　张　11
字　　数　144 千字
版　　次　2017 年 2 月第 2 版
印　　次　2017 年 2 月第 1 次印刷
标准书号　ISBN 978-7-5519-0071-3
定　　价　28.00 元

序

傅璇琮

2001年，泰山出版社编纂、出版一部千万言的大书：《中华名人轶事》。当时我应邀撰一序言，认为这部书"为我们提供了开发我国丰富史学资源的经验，使学术资料性与普及可读性很好地结合起来，也可以说是新世纪初对传统文化现代化的一次有意义的探讨"。我觉得，这也可以用来评估这部《阅读中华国粹》，作充分肯定。且这部《阅读中华国粹》，种数100种，字数近2000万字，不仅数量已超过《中华名人轶事》，且囊括古今，泛揽百科，不仅有相当的学术资料含量，而且有吸引人的艺术创作风味，确可以说是我们中华传统文化即国粹的经典之作。

国粹者，民族文化之精髓也。

中华民族在漫长的发展历程中，依靠勤劳的素质和智慧的力量，创造了灿烂的文化，从文学到艺术，从技艺到科学，创造出数不尽的文明成果。国粹具有鲜明的民族特色，显示出中华民族独特的艺术渊源以及技艺发展轨迹，这些都是民族智慧的结晶。

梁启超在1902年写给黄遵宪的信中就直接使用了"国粹"这一概念，其观点在于"养成国民，当以保存国粹为主义，当取旧学磨洗而光大之。"当时国粹派的代表人物黄节在写于1902年的《国粹保存主义》一文中写道："夫国粹者，国家特别之精神也。"章太炎1906年在《东京留学生欢迎会演说辞》里，也提出了"用国粹激动种性"的问题。

1905年《国粹学报》在上海的创刊第一次将"国粹"的概念带入了大众的视野。当时国粹派的主要代表人物有章太炎、刘师培、邓实、黄节、陈去病、黄侃、马叙伦等。为应对西方文化输入的影响，他们高扬起"国学"旗帜："不自主其国，而奴隶于人之国，谓之国奴；不自主其学，而奴隶于人之学，谓之学奴。奴于外族之专制谓之国奴，奴于东西之学，亦何得而非奴也。同人痛国之不立而学之日亡，于是瞻天与火，类族辨物，创为《国粹学报》，以告海内。"（章太炎：《国粹学报发刊词》）

经历了一个多世纪的艰难跋涉，中华民族经历着一次伟大的历史复兴，中国崛起于世界之林，随着经济的发展强大，文化的影响力日益凸显。

20世纪，特别是80年代以来，国学已是社会和学界关注的热学。特别是当前新世纪，我们社会主义经济、文化更有大的发展，我们就更有需要全面梳理中国传统文化的精华，加以宣扬和传播，以便广大读者，特别是青少年，予以重新认知和用心守护。

因此，这套图书的出版恰逢其时。

　　我觉得，这套书有四大特色：

　　第一，这套书是在当下信息时代的大背景下，立足中国传统文化经典，重视学术资料性，约请各领域专家学者撰稿，以图文并茂的形式，煌煌百种全面系统阐释中华国粹。同时，每一种书都有深入探索，在"历史——文化"的综合视野下，又对各时代人们的生活情趣和心理境界作具体探讨。它既是一部记录中华国粹经典、普及中华文明的读物，又是一部兼具严肃性和权威性的中华文化典藏之作，可以说是学术性与普及性结合。这当能使我们现代年轻一代，认识中华文化之博大精深，感受中华国粹之独特魅力，进而弘扬中华文化，激发爱国主义热情。

　　第二，注意对文化作历史性的线索梳理，探索不同时代特色和社会风貌，又沟通古今，着重联系现实，吸收当代社会科学与自然科学的新鲜知识，形成更为独到的研究视野与观念。其中不少书，历史记述，多从先秦两汉开始，直至20世纪，这确为古为今用提供值得思索的文本，可以说是通过对各项国粹的历史发展脉络的梳理总结规律，并提出很多建设性的意见和发展策略。

　　第三，既有历史发展梳理，又注意地域文化研索。这套书，好多种都具体描述地方特色，如《木雕》一书，既统述木雕艺术的发展历程（自商周至明清），又分列江浙地区、闽台地区、广东地区，及徽州、湘南、山东曲阜、云南剑川，以及少数民族的木雕艺术特色。又如《饮食文化》，分述中国八大菜系，即鲁菜、川菜、粤菜、闽菜、苏菜、浙菜、湘菜、徽菜。记述中注意与社会风尚、民间习俗相结合，确能引起人们的乡思之情。中华民族的文化是一个整体，但它是由许多各具特色的地区文化所组成和融汇而成。不同地区的文化各具不同的色彩，这就使得我们整个中华文化多姿多彩。展示地区文化的特点，无疑将把我们的文化史研究引向深入。同时，不少书还探讨好几种国粹品种对国外的影响，这也很值得注意。中华文明在国外的传播与影响，已经形成一种异彩纷呈，底蕴丰富的文化形象，现在这套书所述，对中外文化交流提供十分吸引人的佳例。

　　第四，这套书，每一本都配有图，可以说是图文并茂，极有吸引力。同时文字流畅，饶有情趣，特别是在品赏山水、田园，及领略各种戏曲、说唱等艺术品种时，真是"使笔如画"，使读者徜徉了美不胜收的艺术境地，阅读者当会一身轻松，得到知识增进、审美真切的愉悦。

　　时代呼唤文化，文化凝聚力量。中共中央十七届六中全会进一步提出社会主义文化大繁荣大发展的建设。我们当遵照十七届六中全会决议精神，大力弘扬中华优秀传统文化，大力发扬社会主义先进文化。文化越来越成为民族凝聚力和创造力的重要源泉，我们希望这套国粹经典阐释，不仅促进青少年阅读，同时还能服务于当前文化的开启奋进新程，铸就辉煌前景。

2011年10月

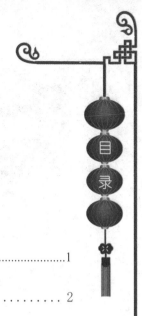

目录

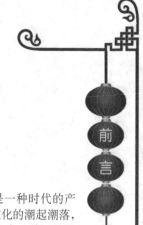

　　服饰，虽在美丽、典雅、端庄、实用的漩涡中挣扎，但无一不是一种时代的产物。时代的文化、时代的思潮、时代的风雨、时代的神韵，塑造了服饰文化的潮起潮落，丰富多彩，在美化人们生活的同时，也将时代的烙印深深地打在服饰之上，从而使服饰成为一部无声的历史、一曲幽邃的音乐，在描述和倾诉朝代的兴亡和更替，在鞭挞和讴歌人类的圣洁与龌龊。

　　毫无疑问，服饰的产生是迎合人类驱暑避寒，以便为自己的躯体提供了一个较为舒适的生存环境而产生的一种装饰。这大概是服饰发轫之初的惟一动力。为此，原始人类将一切可以用来抵御冬季严寒和遮蔽夏季酷暑的材料都拿来披挂在自己的身上，以最为原始的方式来满足自己低下的却又是惬意的心理需求，从而使服饰这种装扮人类自身的物质条件得以问世。由此看来，实用价值是服饰赖以问世的一种不可缺少的因素。

　　而且，在后来服饰的发展过程中，实用价值仍是推动服饰不断发生演变的非常重要的动力。战国时期，赵国灵武王不顾朝臣反对而推行"胡服骑射"变革，一个根本原因即在于"胡服"能够在富国强兵中具有实用性作用，是赵武灵王寻求强国之路上的一种重要措施。

　　即使在近代中国人的服饰创新之中，实用性仍占有重要地位。西装革履之所以风靡中国，成为中国人向西方学习的一种标志，一个重要原因即在于西装革履一点也不带有清王朝所推行的长袍马褂那类服装带有的邋遢、臃肿、刻板与封闭的特点，是一种干练、精明、自由与开放的象征，不仅更有利于人们在所从事各种活动中发挥自己的能力，而且成为中国抛弃封建制度及其生活习惯的一种象征。

　　当然，促使服饰起源与发展、演变的因素是多元的。其中，既有审美观的驱使，也有财富观的推动，还有身份观与社会地位观的掺入；既有宗教观与信仰观规范，也有外来服饰文化因素的融会；既有地理环境等自然因素作为服饰产生乃至发展与演变的基石，也有纺织技巧与缝纫技能等人为因素作为服饰产生乃至发展与演变的动力，还有绘画、着色等文化艺术因素作为服饰产生乃至发展与演变的灵魂。这一切，无不展示了服饰文化是一种构成复杂、内涵深邃的人类文化，既是一种展现人类聪明才智的物质文化，又是一种负载人类世界观、价值观、道德观的生活文化。从一身衣服、一件饰物中，不仅可以领悟出一个时代文化的精髓，而且可以体察出一个民族的民族之情、一个国家的国家之魂。

　　中国服饰文化的发展与演变的一个重要规律，是中国这块土地上各个民族服饰文化从来未有过的不间断地相互融会的一种结晶。在中国服饰文化发展的的漫长历史进程中，几乎所有朝代都存在一个中原服饰被"胡化"的现象。无论是文化灿烂的盛唐"士女皆竞衣胡服"，还是文化带有点女儿气的内秀宋代的"今世皆胡服"，或是清代的马褂、箭袖，都无不体现了边疆地区少数民族服饰对中原服饰文化影响和改造的巨大。同时，在中国服饰文化发展史中，历朝历代也无不存在诸如北魏拓拔族的服饰"汉化"的现象，即使某些少数民族政权采取民族分化与隔离政策，也同样存在诸如辽、金、西夏等民族与汉族杂居之地"俗皆汉服"现象的发生。这一切都表明，中国服饰文化的

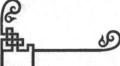

发展与演变，如同中华民族自身的形成与壮大一样，都是一个多元的民族共同体的产物。

至于近代中国服饰文化的变迁，则受西方文化的影响更为显著。在中国古代史上，外来文化对于中国文化的影响莫过于佛教文化。这种起源于印度的宗教文化，伴随其中国化的不断完成，对于中国社会生活的各个方面无不发生过重大的影响，其中自然也包括对中国服饰文化所起到的潜移默化作用。但是，由于佛教文化自其进入中国那天起即以融合中国土生土长的儒家、道家等文化为己任，并在这种融合中逐渐完成其中国化。因此，佛教文化对于中国服饰文化的影响并不明显，从而导致佛教僧人主要以袍服为主。

但是，西方近代文化则不然。近代西方文化是一种与中世纪文化在性质上截然不同的文化，是一种以自由、平等、民主和博爱为灵魂的文化。在自由旗帜之下，近代西方服饰文化中所包含的对于个性之美追求的理念，所带有的袒露功能得到充分发挥。近代西方服饰文化所包含的这种社会理念，在促使中国传统服饰文化变革中发挥了巨大作用。被作为中国服装精品的旗袍，即是参照西方裙装所具有的袒露功能，以体现个性体形线条之美的特征，在传统袍服的基础上加以改造而形成的。这种体现女性之美的服装完全抛弃了传统袍服的封闭性、呆板性、单调性和保守性特征，继承和发挥了以往袍服面料丰富、色彩艳丽、做工精细的传统，在宣泄和张扬中国传统服饰内秀之美的同时，也将东方女性所具有的含蓄性内秀之美表现无余。甚至，直至今天，西方服饰文化中所包含的自由之魂、线条之美、袒露之态，伴随改革开放时代的到来，以更加自然的态势仍然在深刻地影响着我们的服饰文化的发展，从而使中国的服饰在外来文化的影响下更加五彩斑斓，绚丽多姿。

不过，面对一件服装、一件饰物所包含的深邃的文化内涵，我们在思考：

当今时代，中国传统服饰之美在我们这代人手中又保留了多少呢？

中国民族服饰又是何种样式呢？难道电视主持人曾经穿过的所谓"唐装"即应是中华民族传统服饰的代表吗？

是否，街上青一色西装革履就表现为一种服饰文化的进步？

是否，城乡都一样袒胸露腿就是一种服饰文化的发展？

这等等思考，促使我们滋生出探索一下中国服饰文化昨天的勇气。

为此，我们简要地描述了中国服饰文化的产生、发展与演变的大体脉络，粗线条地勾勒了中华民族服饰文化的产生、发展与演变规律，目的在于试图以文字来弹奏中国服饰文化史跋涉与前进的铿锵脚步，用图片来显示中国服饰文化史发展与演绎的锦绣历程。

显然，我们的意图绝不是在仅仅描述中国服饰文化史的昨日黄花，更不是一种带有历史癖的病态唠叨，而是想从时代文化的高度中，探索中国不同时代服饰文化的特征，窥测相应时代服饰文化的真谛，并能够给读者一定的启迪。或许，在一条大河的某段，人们所能够看到的只是一种回流，但是，综观这条大河整个趋向，则能看到其所具有的"大江东去"的气势。我们以中国文化的时代特征为灵魂，以图文并茂的形式为手段，粗线条描述中国服饰文化发展史的目的，便是想为中国服饰设计师们勾勒出一条水自天上来，"奔流到海永不回"的大河磅礴气势和大致轨迹，试图为服饰设计者提供一点文化上的启迪，以文化观来自觉指导其未来的服饰设计，从而为中国人提供更加绚丽多姿的服饰，使多彩中华更加绚丽。

第一章

服饰之源 悠远模糊之梦

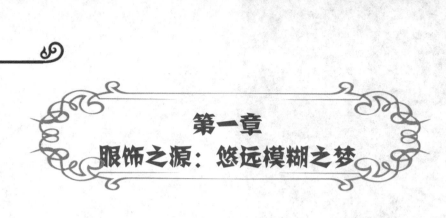

第一章
服饰之源：悠远模糊之梦

一衣一食，既是人类赖以生存的基本物质条件，也是检验一个国家、一个民族文明程度的重要标尺。服饰与其他文化物质一样，皆以一种无声的语言，无时无刻不在揭示相应时代和相应人群的文明水平与审美观念，不仅能够直接反映人类的物质生活，而且能够揭示与之相关的心态、思想、意识和情感等文化内涵。

中华民族素有"衣冠王国"之誉。漫步中华民族的服饰长河，追溯中华民族服饰的起源，无疑是在追忆一个悠远的梦，在聆听一篇古老的歌。或许，从这悠远的梦和古老的歌中，人们还能品味出中华服饰文化深处所包含的一种令人为之心旷神怡的旋律。

1．奏响"拿来主义"的凯歌

人类最早的服饰是什么？

这确实是一个令人难以回答的问题。因为这是人类最为悠远而模糊的梦！时间的悠远，历史的漫长，已经使人类童年时代包括服饰文化在内的一切都变得苍白而模糊起来，以至于当今的人们难以诉说。

大概正是因为如此，后世人们有关远古先哲圣贤的追述总是带有臆测的色彩，甚至到了千篇一律的程度，即使运用笼统诉说的方式也难以将他们的衣食住行勾勒到清晰的地步。

不过，总有一些历史遗迹可以对远古服饰这个问题予以诠释。

一些臆测便是这种历史真实的回忆：

庄子曾经说："古者民不知衣服，夏多积薪，冬则炀之，故命之曰知生之民。"

这就是说，最早的人类是没有什么服饰可言的，只是一群赤裸裸的生灵，因而不得不在夏天积聚柴草，以便于在严寒的冬季取暖。

墨子曾经说："古之民未知为衣服时，衣皮带茭，冬则不轻而温，夏则不轻而清。"

这就是说，人类为谋求生存和发展，在生产力极为落后的条件下，只得利用各种自然物以作为自己的服饰材料。

或许，庄子与墨子所言，恰恰反映了两个不同历史阶段人类的服饰状况，臆测到人类由一丝不挂到利用天然物作为服饰的历史进程。

如此臆测所在多有：

韩非子云："古者丈夫不耕，草木之实足食也；妇人不织，禽兽之皮足衣也。"

《礼记》云："昔者……未有丝麻，衣其羽皮。"

郑玄云："古者田渔而食，因衣其皮。"

虽然，这些追述无不是一种臆测，但还是基本符合历史事实的。其中，无外乎揭露出三种历史的本来面貌：一是人类经历了一个由不知衣服为何物到知道利用各种自然物来作为衣服的历程；二是最为原始的衣服在采集渔猎时代已经产生；三是制作原始衣服的材料无外乎从动物和植物两大类生物中获得，或为野兽皮毛、禽鸟羽毛等，或为草叶、树皮等。

无独有偶，一些民族资料似乎可以作为此类历史文献资料的注解。

在土家族，有一种流传至今的舞蹈，名叫"茅古斯"，是追忆土家族祖先艰苦创业历史的舞蹈。这种舞蹈的服饰是用稻草做成的，舞蹈之中，舞者穿起用稻草连缀而成的稻草衣作为道具。（图1-1-2）据说，土家族先民最为原始的装束即是用稻草制作的。

在傣族，流传着一个古人如何发明裙子的故事：古时候，人类是没有什么衣服可穿的，姑娘们外出采集食物时，常常被树枝挂伤，被荆棘扎伤，实在令人烦恼。聪明的傣族姑娘们看到，孔雀所披

图1-1-2　土家族在跳"茅古斯"舞时所穿以稻草做成的服饰。据说，土家族最为原始的服饰便是以稻草为原料的。（采自韦荣慧主编：《中华民族服饰文化》）

的那一身美丽的羽毛，不仅装扮了孔雀绚丽多姿，而且孔雀的羽毛可以起到保护身体，避免各种伤害的作用。于是，姑娘们便学孔雀的样子，采来芭蕉叶，并用藤子将这些芭蕉叶串了起来，栓在腰间。从此，傣家姑娘才有了裙子，显得更加妩媚动人。

即使在古老传说中，也有树叶为衣服的现象。据说，远古时代，有一个叫"叶"的人。他之所以有这样一个名字，原因即在于它将树叶拿来作顶在头上，以躲避骄阳的烘烤和暴雨的浇淋，因而被人称为"叶"。

不仅有这样的传说，还有以芭蕉叶为衣服的实例。在20世纪50年代以前，生活在深山老林中拉祜族苦聪人，有的即曾以芭蕉叶为衣打扮自己，以防备蚊虫的叮咬。（图1-1-3）

图1-1-3　20世纪50年代前拉祜族苦聪人部分男子穿的芭蕉叶下装。（采自邢莉主编：《中国女性民俗文化》）

有关珞巴族的文献记载和生活实例，则从另一个侧面说明人类曾经存在过以野生植物枝叶或动物皮毛作为衣被材料的历史。《卫藏识略》一书云，在很早的时候，珞巴族"不耕不织，穴居巢处，冬衣兽皮，夏衣木叶"。在传说中，珞巴族人即流传着他们的祖先曾经穿过用"阿窝"叶编织衣服的故事。在20世纪50年代以前，还处于原始社会末期由父系氏族社会向家庭奴隶制过渡阶段的珞巴族，一些部落的穷苦妇女即穿过草裙。这种草裙是将鸡爪谷的秸秆破细后，紧紧地排在一起，编织出腰围一段，其余秸秆自然下垂如旒苏，穿时围在腰间即可。一些穿着布裙的妇女，为了保护布裙，有的在布裙的外面再围上一条草裙。（图1-1-4）

图1-1-4　20世纪50年代前穿草裙的珞巴族妇女。（采自邢莉主编：《中国女性民俗文化》）

在炎热地区，远古人类可以利用树叶、树皮和野草等野生植物来编织服装，用以遮挡骄阳，保护身体，从而为后来植物纤维作为衣被材料奠定了基础。而在寒冷的地区，野生动物的皮毛在为人类提供最早利用自然物抵御严寒材料的同时，也为后世毛皮服装的制作奠定了基础。因此，可以想象，处于采集狩猎时代的远古人类，必然会把野兽皮毛捆绑在自己身上来抵御令人窒息的严寒，度过冬季而免遭风雪之苦，从而导致了最为原始皮衣的产生。

图1-1-5　云南彝族所穿羊皮褂。（采自韦荣慧主编：《中华民族服饰文化》）

实际上，某些民族的皮衣仍然保存有某种原始服装的特征。云南彝族地区有一种羊皮褂，是由一整块羊皮做成的，在很大程度上还保留了羊的外形，既没有衣领和衣袖，也没有纽扣，是在羊皮褂的前后以羊足来当纽扣的。这种羊皮褂，夏天正穿，冬天反着，既可当衣服，又可当被褥。（图1-1-5）纳西族背后的羊披坎肩也很简单，款式为一块方形羊皮，以绳栓在身上，是一种颇受纳西人欢迎的服装。

或许，某些民族的披毡即由此发展而来。披毡是我国云南地区众多民族男女青年所穿用的一种服装。这种披毡裁制作简单，用途也有多种。对此，宋代人周去非说："昼则披，夜则卧，晴雨寒暑，未始离身。"（图1-1-6）

毫无疑问，利用大自然早已为人类准备好的材料来制作衣服，应该是人类服饰文化的第一乐章。尽管，这一乐章带有异常浓厚的原始性、愚昧性和落后性，但是，这是人类服饰的起点，是人类服饰文化的开端，在人类服饰史上具有不可被忽视的重要地位。其重要意义即在于：把自然界中的物质拿来，不施加任何加工，或仅经过简单的处理，自然物即可成为人们所穿用的服装，在强化了

图1-1-6　外披"约多"（独龙毯）是独龙族男女都喜欢的装束，图为披"约多"的独龙族姑娘。（采自韦荣慧主编：《中华民族服饰文化》）

人类抵御自然肆虐能力的同时，也开始了人类制作服饰的实践。虽然，这

是一种艰难实践，却是人类发现可利用衣被材料的一种勇敢探索。

　　人类是地球孕育的一群生灵，也是依赖地球的丰富资源而生存的一群精灵。基于不同的地理环境和自然条件，各地形成了不同的植被与动物资源。这些丰富的资源不仅为不同地区的远古先民提供了不同的衣被材料，也为后世我国各地利用不同材料来制作特色各异的服装奠定了基础，从而使占有疆域辽阔、地大物博之利的中华民族的服饰文化自古以来即呈现出五彩缤纷、绚丽多姿的风采。

　　居住在祖国北疆深山老林中鄂温克族、鄂伦春族和达斡尔族等，由于长期以狩猎为生，形成了以兽皮为主要衣被材料的格局，成为中国服饰文化中利用毛皮作为衣被材料的典范。那些珍贵的兽皮，不仅为世代繁衍生息在那里的人们提供了抵御北疆冰天雪地严寒的材料，而且使那里的男子显得更加剽悍，女子更加妩媚，儿童更加可爱！（图1-1-7）

图1-1-7　鄂温克族冬季女青年着装。（采自韦荣慧主编：《中华民族服饰文化》）

　　生活在黑龙江、松花江、乌苏里江交汇处三江平原上的赫哲族，可以作为巧妙利用自然物质作为衣被材料的代表。赫哲族自古以捕鱼为生，鱼皮则成为这个民族的主要衣服材料来源。《皇清职贡图》即说：赫哲人"男女衣服皆鹿皮、鱼皮为之"，"衣服多用鱼皮而缘以色布"。在世界上，依靠鱼类作为食物来源的民族并不罕见，但是，依靠鱼皮作为衣服材料的民族却异常稀少。赫哲族不仅利用鱼皮制作成手套、靴子、头巾、背包等小型服饰，而且利用鱼皮制作上衣下裳和被褥。甚至，连缝制衣服的线也是用鱼皮制成的。鱼皮具有轻便、保暖、耐磨、防水和防潮等多种特性，以鱼皮制成的服饰别具一格，充分显示了赫哲人适应自然和利用自然的聪明才智。（图1-1-8）

图1-1-8　左图为穿鱼皮衣服的赫哲族妇女，右图为赫哲族鱼皮女上衣。（采自韦荣慧主编：《中华民族服饰文化》）

　　生活在南疆的人们，几乎终年累月被

图 1-1-9 戴葵帽的京族姑娘。葵帽以蒲葵叶编织而成，美观轻便，为京族妇女常年所戴。（采自韦荣慧主编：《中华民族服饰文化》）

骄阳所烘烤，被大雨滂沱所浇淋。因此，衣服的主要功能不在于抵御严寒，而在于遮挡阳光，防备阴雨和蚊虫的侵袭。因此，南方炎热地区的服饰不仅以简洁而著称，而且以竹草等编织的斗笠成为南方服饰最为重要一种。（图1-1-9）

这一切似乎都在说明一种历史文化的精髓：人类是依赖自然资源生存的一群精灵。在童年时代，由于生产力的低下，远古人类还不可能依靠自己的力量来增殖任何天然生成物，只得采取"拿来主义"的策略，从大自然中索取他们所需要的一切，其中，必然也包括人类所需要的衣被材料。于是，无论是动物的皮毛，还是植物的叶皮和秸秆，凡是可以被利用的一切，都有可能成为人类遮身蔽体的理想材料。

因此，考古学家们展开推理的翅膀，不仅推导出北京人生活情景的结论，而且还构思出北京猿人如何度过严寒冬季的想象：至50万年前的北京猿人生活的时代，在严寒的冬季，人类已经能够利用兽皮裹身以抵御严寒。（图1-1-10）

这就是中国原始人类着衣生活的开端。

这就是说，在人类的童年时代，"拿来主义"作为人类服饰的主旋律，曾在人

图 1-1-10 北京人生活想象图。（采自《中华历史文物》）

类生活水平提高中起到了今人不可能理解的重大作用。在那洪荒时代，一件兽皮、一片树叶，尽管没有经过任何人类加工，完全是一种纯自然的客

观存在，但一旦"衣皮带荄"的方式被采用，便无不成为人类最为称心的衣服。甚至，从某种意义上说，这是人类战胜自然，走向辉煌的第一乐章。

这确实是一种纯粹自然状态，是一首彻头彻尾的"拿来主义"凯歌！

2. 中国人的第一枚骨针

历史已经证明，人类是一群永不满足现状的精灵。虽然，大自然为远古人类准备了较多的衣被材料，但是，人类不可能永远满足于将那些处于自然形态的物质拿来作为自己服饰的现状，必然变着法儿使自己的服饰带有更加恢弘的理性。人为万物之灵，永远不会满足停留在一个水平上生存的秉性，使人类追求美好的欲望日日泛滥，从而使人类的服饰文化在对于舒适、美观、方便、典雅永不休止追求的路途中蹒跚前行，促使服饰文化一步步走向辉煌的未来。

那么，处于童年时代的远古人类是如何制作自己衣服的呢？

对此，古代文人似乎也曾臆测过。《淮南子》即说："伯余之初作衣也，绩麻索缕，手经指挂，其成犹网罗。后世为之机杼，胜复以便其用，而民得以掩形御寒。" 这就是说，人类之初的衣服，不过是在墨子所说的"衣皮带荄"的基础上，进行极为简单的"绩麻索缕，手经指挂"式加工，到了后来，这种原始状况才有所改观，终于产生了"为之机杼，胜复以便其用"之类编织衣物的活动。

古人的臆测固然是以古老神话传说为依据的，这种臆测仅仅能够捕捉到一点历史的影子而已。最为可靠的证据当存在于民族学材料和考古学资料中。

民族学材料是远古人类真实生活的一种写照，是仍然保存于当今社会中的一种历史化石。在某些民族的服装中，虽然，也有缝纫等加工程序，但是，服装制作之简单，原料加工之原始，很容易使人联想到远古世代的服装缝纫技术。在彝族宗教祭祀服装中，巫师所用的披风是用40匹好马的尾巴编织连缀而成的。（图1-2-1）

图1-2-1　彝族巫师所用披风是用40匹好马的尾巴编制而成的。（采自韦荣慧主编：《中华民族服饰文化》）

此类服装除揉皮技术较高外，在缝纫连接上则带有较为原始的特征，与拉祜族苦聪人曾经以芭蕉叶为衣，以及珞巴族米里妇女以草为裙等服饰制作都具有共同的原始性质，应该是人类较早利用自然物来编制自己服饰的一种变异形态。

考古资料表明，最为原始服装的缝纫工具，当为骨锥。诸如宁夏灵武县水洞沟旧石器时代晚期遗址中所发现的骨锥等，作为缝纫工具，是完全可以起到钻孔效用的。在钻孔的基础上，即可利用野兽的韧带将各种兽皮编制起来而成为一种服装。（图1-2-2）据此，我们可以推测，在有骨锥等遗存出现的旧石器时代晚期，人类已经结束了"衣皮带茭"的岁月，揭开了利用骨锥之类极为简单的工具来制作服装的时代。

图1-2-2　根据出土骨锥想象复原的服装。（采自周汛等：《中国历代服饰》）

在服装制作工具进化史中，较骨锥更为先进的工具当为骨针。迄今为止，在中国大地上所发现被最早用于服装制作的骨针，出土于旧石器时代晚期周口店山顶洞遗址。山顶洞人所使用的骨针，距今约18000年。虽然，所出土的骨针仅有一枚，但从骨针残长为82毫米，直径为3.3毫米，针身略为弯曲，表面磨制十分光滑，尖锋锐利，后端有一个残缺钻孔，钻孔直径

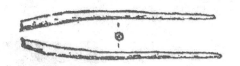

图1-2-3　周口店出土的山顶洞人使用过的骨针。（采自贾兰坡：《山顶洞人》）

约为1毫米等形状看，说明这已不是一枚最为原始的骨针，中国远古人类缝纫服装的历史有可能还要提前。（图1-2-3）

即使如此，山顶洞人骨针的发现，在中国服装史上也具有非常重要的意义。如此一枚骨针，不仅能够说明，起码自山顶洞人开始，中国远古人类已经使用骨针和骨锥之类的工具来缝纫兽皮，制作衣服，结束了纯粹的"拿来主义"岁月，而且能够说明，山顶洞人已经初步掌握了一定的缝

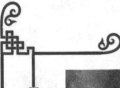
纫技术，奏响了中国服饰制作史的第一乐章。（图1-2-4）

某些神话传说，似乎也能够证明骨针是在骨锥的基础上被创造出来的历史进程。据说，在远古时代，有一个叫"针娲"的女子。她的名字之所以被称为"针娲"，根本原因是在于这位女子发明了针这种缝纫工具。针娲是一位特别聪

图1-2-4　山顶洞人以骨、石制作工具及装饰品想象图。（采自《中国全集·考古中国》）

明、心灵手巧的女子。她用骨锥做的衣服既整齐又结识，但她仍不满足。据说这位女子苦于用骨锥做衣服速度太慢，总是希望能够制造出一种新的缝纫工具来。经过长时间的思考和试验，她在骨锥的另一端用尖状石器钻出一个小空，从小空中纫上线，终于发明了针这种缝纫工具。从此，不仅所缝制衣服又快又好，而且可以从针孔中穿上用野麻纤维搓成的线，从而使缝纫衣服的原料更加广泛。

山顶洞人遗址中所出土的骨针，最为重要的意义，正如有关针娲的传说所揭示的：中国远古人类从此已经掌握了线这种能够制作各种服饰的基本原料的生产技术。固然，在服饰演变的历史进程中，诸如绫罗绸缎、布帛锦缣等各种衣被材料的生产与发展令人为之瞩目，诸如丝织棉纺、机杼漂染等生产技术的问世与提高也令人为之关注，但是，这一切无一不是以一根细细的线为基础的。没有那一根根五彩缤纷的线为

图1-2-5　正在织裙料的怒族妇女。她们用一根根五彩线编织出一个个五彩的梦，打扮了自己，也美化了人生。（采自韦荣慧主编：《中华民族服饰文化》）

基础，人类是永远也不可能编织出一个个五彩缤纷的服饰之梦的。（图1-2-5）

但是，要探讨中国乃至世界上第一根用于编织的线的起源，恐怕是任何学者都不可能解决的问题。不过，可以肯定地说，由于生产力水平的低下和"拿来主义"的驱使，更由于人类为摆脱严酷大自然束缚和肆虐的推动，人类才依赖自己的聪明和才智，在大自然已经存在野兽韧带可以作为缝合线启示的基础上，逐渐掌握了利用皮毛之类大自然中本来即已存在的纤维搓捻成最早的缝合线的技术，从而揭开了人类缝制衣服的第一篇章。（图1-2-6）

只是，囿于自然条件的限制，依靠兽毛之类材料搓捻毛线以作为服装缝合原料，在服装发展史上并不具备极为重要的意义。这是因为，只有将植物纤维作为制线的主要原料，人类才有可能制作出布匹，并最终摆脱"饮毛茹血"的岁月，实现以五彩缤纷的布料来打扮自己的梦想。大概正是因为如此，在考古中，不仅至今在黄河流域及长江流域还未发现与仰韶文化同期的毛纺织物，而且骨锥产生的年代要大大早于骨针。

图1-2-6　白马藏族妇女在用手搓捻羊毛线。（采自邢莉主编：《中国女性民俗文化》）

不过，植物纤维的制取谈何容易。以植物纤维作为原料来制线，必须经过剥取、浸沤、脱胶、劈分、加捻等程序，才能使植物的韧皮去掉胶质，分离出并可以用作制线的纤维。可以肯定地说，在旧石器时代晚期，远古人类已经发现葛与麻等类野生植物自然死亡之后，韧皮经过天然微生物的作用即能脱去胶质而形成可以被用来制线的纤维。将这种纤维加捻后便能制成细细的线，这不仅为兽皮的缝合乃至后世的织布奠定了基础，而且为骨针的问世提供了动力。为此，可以推测，当山顶洞人使用较为精致的骨针来制作衣服之际，以植物纤维为原料制成的线也应问世了。

大概正是如此，当新石器时代到来之际，骨针的发现已不再罕见。甚至，

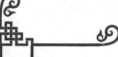

骨针与骨锥、骨梭、纺轮及纺织品一起，成为新石器时代遗址中一种较为多见的考古组合。这些骨针、骨锥、纺轮等缝纫与纺织工具，构成了中国纺织史上第一个繁荣乐章的同时，也产生了"黄帝始去皮服布"的传说，催开了中国服饰文化史中的首朵绚丽之花。

存在有如此考古组合的新石器时代遗址，在中国可谓所在多有。

在河北武安磁山新石器早期遗址中，第一文化层即出土有骨锥、牙锥、角锥等达110多件，针33枚，骨梭、角梭等9件，网梭8件和陶纺轮4件。（图1-2-7）

在浙江河姆渡遗址中，还出土了距今约7000年的骨锥58件、管状针12枚，骨梭4件，以及木纺轮和用于纺织的木纬刀4件、骨纬刀27件，

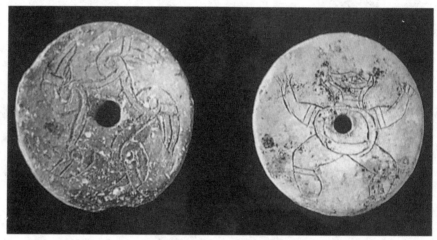

图1-2-7 新石器时代出土带纹饰玉纺轮。（采自陈高华等主编：《中国服饰通史》）

并发现了原始的织机零件。

在山东滕县北辛遗址中，出土了距今约7000年的骨锥25件、骨针36枚。在一些器物上还发现了一经一纬、三经三纬或多经多纬的"人"字形编织物痕迹。

在吴县草鞋山遗址中，曾出土有葛布三块，经线密度约每厘米10根，纬线密度约每厘米13～14根，罗纹部分每厘米为26～28根，织造水平已达到很高的程度。

在浙江吴兴钱山漾遗址中，出土有麻布、丝线、丝带和绢片残存。麻布为苎麻织物，密度为每 40～78根。绢片是用家蚕丝织成，密度为每

120 根 。

如此众多的骨针、骨梭、纺轮乃至纺织品考古组合在黄河与长江流域新石器遗址中被发现，至少说明在新石器时代，织布织绸和缝纫衣服已经是一种极为普遍的现象，中国服饰文化进入了其发展期。

虽然，根据河姆渡遗址所发现的织机零件，还不可能勾画出当时织布机的形制及性能，但是，大约在相当于战国至东汉时期的云南石寨山遗址中的考古则可以补充这方面的缺陷。在云南石寨山遗址所出土青铜器上，铸有生动纺织图案。其中，有 5 人正在织布，所用织机是一种极为简单的腰机，或叫"踞织机"。这种织机与 20 世纪 50 年代前我国黎族、佤族、基诺族、布朗族等民族仍然使用的腰机在形制上几乎完全一致。（图1-2-8）或许，这就是《淮南子》所说"为之机杼，胜复以便其用，而民得以掩形御寒"的历史写照吧。

图1-2-8　黎族妇女正在用腰机织布。（采自韦荣慧主编《中华民族服饰文化》）

这些考古资料从不同的角度表明，在新石器时代，我们的先民已经驯化和栽培了麻与苎麻等农作物，驯化和饲养了蚕这种能够为人类带来华丽与温暖的昆虫。从此，我们的先民开始依靠自己的劳动来增殖天然生成物的历程。他们用自己的智慧和汗水来打扮自己，谱写了一部神韵独具的中国服饰文化史。（图1-2-9）

据说，蚕丝的发现是黄帝的元妃西陵（又名嫘祖）的功劳。受黄帝之命，嫘祖教人植桑、养蚕、缫丝、织帛、染色等技术。以绸帛制作的衣服，光滑细润，绚丽多姿，成为最美丽的衣服，也开

图1-2-9　战国青铜器纹饰《采桑图》。（采自吴诗池：《文物民俗学》）

创了中国为丝绸之国的历史。

可能，由于历史的久远，后人对于蚕丝发明的历史已经难以记忆，于是产生了众多令人为之遐想的传说。在有关蚕丝的传说中，《蜀图经》、《太古蚕马记》、《搜神记》、《神女记》及《太平广记》等古籍中即记载有白马与马头娘的故事。据说，在黄帝之时，为庆祝战胜九黎而大摆宴席，席间，有位仙女身披马皮，前来向黄帝献上蚕丝，从此，人们才得以穿上柔软精美的丝绸衣服。这位向黄帝贡献蚕丝的仙女，被后世视为蚕神。因蚕首如同马头一般，荀子在《蚕赋》中即说："此夫身女子而头马首。"因此，蚕神的名字又叫马头娘。

有关马头娘的故事，还有一个传说。传说，很古很古的时候，有个商人外出做生意时被匪徒绑票。为勒索赎金，匪徒释放了这位商人所骑的白马，让它回家报信。商人的妻子见白马独自回到家中，便知道丈夫凶多吉少，暗想：自己一个妇道人家又能为丈夫做些什么呢！于是，她发誓说："如果谁能救出自己的丈夫，便把美貌的女儿嫁给他。"那匹白马听了这话后，便像风一样疾驰而去。几天之后，白马果然驮着丈夫丈夫平安归来。此时，商人的妻子懊悔不及，实在不想把花一般的女儿嫁给一头为人脚力的牲口。为此，白马悲伤不已，终日哀鸣嘶叫，也没有打动商人夫妇的心。非但如此，商人夫妇甚至厌恶白马那悲伤的嘶鸣声，竟然用箭杀死白马，并剥下了它的皮来晾晒在院墙上。一天，

图1-2-10 悲伤的白马与美丽的马头娘。

商人的女儿从马皮旁经过，一阵风吹来，马皮飘到女儿的身上，像被子一样将她包裹了起来，卷到空中，转眼的功夫便不见了。几天后，人们在村外的一颗树上发现了奄奄一息的姑娘。此时商人女儿的身上仍然紧紧地包裹着马皮，她的头也如同马头一样，口中还像蚕一样不断地吐着绵绵的丝。那柔软的丝吐尽之后，商人的女儿便死在树上。人们取下树上的丝，可以织成光滑轻薄的布匹，做成美丽漂亮的衣服。于是，人们取"伤"的谐

音，将悬挂姑娘的那棵树称之为桑树，把吐丝的姑娘视为蚕神，称之为"马头娘"，并在各地盖起了蚕神庙，岁岁予以祭祀。（图1-2-10）

如此传说，不仅体现了蚕丝起源的久远，而且表明在蚕丝的起源中，女性曾经有过重要的贡献。

虽然，欲想复原远古先民服装的形象，几乎已不可能。但是，值得庆幸的是，考古学为我们提供了众多史前期刻绘与雕塑人物的艺术造型，从中或许能够多少透露出一点原始先民衣着装束的信息。

在安徽含山凌家滩新石器时代墓地中，

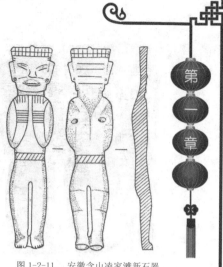

图1-2-11　安徽含山凌家滩新石器时代墓地出土玉雕像。（采自《安徽含山凌家滩新石器时代墓地发掘简报》，《文物》1989年第4期）

出土了一件较为完整的距今约4500年的玉雕写实男性人物像。这件玉雕人物像，头戴圆形无沿扁平冠，上装正面为直领无纽对襟无袖开衫，后背为半开式，下裳为前后裆穷裤，束有腰带，跣足直立，着装不仅很适应南方湿热气候环境，而且服饰之中透露出一派南国丈夫的气质。（图1-2-11）

在青海大通上孙家寨马家窑文化类型墓葬中，出土有一件彩绘陶盆，内壁纹饰为集体舞蹈图案，以5人手拉手列队为一组，共三组，舞蹈人小腹均有一道饰物，同墓出土的还有纺轮、骨珠

图1-2-12　青海大通上孙家寨马家窑文化类型墓葬出土的舞蹈彩绘陶盆

和穿孔蚌饰品等。有的学者认为，舞蹈人可能穿垂至膝部的长裙。（图1-2-12）一群女性，风华正茂，长裙飘逸，歌之舞之，别有一番情趣。

或许，从甘肃玉门出土的史前期彩绘陶器上，可以看到男子装束的特征。这些彩绘陶器不仅有陶鞋、人足形陶罐，还有靴形陶罐和彩绘陶人。其中的彩绘陶人高20厘米，头顶中空，穿上衣，下穿不连裆裤子，足登靴鞋，打扮得倒也干净利落。（图1-2-13）

在中国服饰文化诞生并呈现出初步繁荣的原始时代，特别值得一提的是，服饰的发明，应归功于伟大的女性。传说云："黄帝、尧、舜垂衣裳而治天下"、"黄帝造衣裳"、"圣人为衣服"。在历史传说中，无不把服饰发明归功于黄帝与圣人，这是很不公平的。在青海乐都县柳湾新石器时代

图1-2-13 玉门出土的史前期彩绘陶器。左图为彩绘靴形陶罐，右图为彩绘陶人。（采自陈高华等主编：《中国服饰通史》）

图1-2-14 大汶口遗址47号墓女性复原图。（采自吴诗池：《文物民俗学》）

墓地中，53座男子墓中出土的纺轮仅8个，而31座女子墓中出土的纺轮为28个。这不仅说明，男耕女织的岁月在新石器时代即已开始，而且说明，女性当为服饰创造与制作的主要承担者。

女性，本来即是追求美的天使。这是原始时代的考古发现中随处都可以得到证实的一种现象。在北京门头沟区东胡林村一处距今约1万年的遗址中，发现一具少女的骨骼上残留有颈饰、腕饰和胸饰等三种人体装饰品。在新石器时代，人体装饰品已呈现出地区性、群体性、多样性、个体化和性别化的特征，与衣着装束的发展趋势带有异稽而同步的特征。甘肃广河地巴坪半山类型墓地，成年女性的颈部大多有骨串珠，双腕有环饰，而男性却少见。在大汶口遗址中，有的女性墓中不仅发现有较多的饰物，

而且发现有玉石、绿松石等精致之品。（图1-2-14）

我国先民早期的历史似乎在诉说：在中国服饰文化开端的岁月中，伟大的女性即以其勤劳和才智，占据了谱写中国服饰华丽乐章的主导地位。

3. 服饰起源三步曲

人类为什么要穿衣服？又为什么要用各种装饰品来打扮自己？

这似乎是一个简单而又明了的问题，但其中却包含着深奥的道理，是涉及到服饰起源的的一个大问题。

对此，有人说，服饰起源护身；有人道，服饰起源于爱美；有人认为，服饰起源于巫术；有人主张，服饰起源于劳动；有人赞同，服饰起源于人类男女两性的相互吸引；有人提倡，服饰起源于遮羞。如此等等，不一而足。

有趣的是，服饰起源之说尽管纷纭众多，但每一种学说都能够从历史学、民族学、宗教学或考古学中寻找到可以被称之为铁证的证据。如此现象的存在，在其他问题的论证中可谓是不多见的。这是否就可以说服饰起源是多元的呢？

事实并非如此。

这是因为，纷纭复杂的服饰起源之说，仅仅是从各自的角度来论证某类服饰起源的，并不是将服饰作为一种整体的统一的历史文化现象予以综合考察并探讨其起源的。

服饰起源，当首先源于实用。服饰的实用功能，是人类得以进化的一种保障，可以说是服饰文化起源的根本所在。严寒的冬季到来，必定使刚刚演化为人的猿人吃尽严寒之苦头。有的猿人可能在大雪纷飞、寒风刺骨中而过早地结束了自己的生命。甚至，某些猿人的种族为此而付出灭绝的沉重代价。为确保安全越冬，免受严寒的肆虐和蹂躏，那些没有洞穴可以避寒、没有火堆可以取暖的原始人类即可能利用野草以及一切可以裹体的自然物将自己紧紧包裹起来，以避免或者减轻严寒的肆虐。炎热夏天到来时，人类又可能利用大树枝叶来遮挡阳光，以求在"赤日炎炎似锅煮"中能够得到一丝凉意，减轻一下如火娇阳的烘烤。虽然，这仅是一种臆测，但这应当是早期人类的一种必然性行为，是远古人类与生俱来的一种本能。

在历史文献中，存在有生产力水平异常低下时代的人们所穿服饰的资料，当是人类早期服饰的一种写照和反映。直至汉代，生活在寒带地区的

挹娄人仍然过着"好养豕，食其肉，衣其皮。冬以豕膏涂身，以御风寒"的岁月。据说，藏族也曾经"用酥油以代脂粉，为保护其面色之故，少女及妇人，每于颊上涂以蜂蜜"。显然，这种较为原始的服饰资料，说明的不是其他，而是一切与服饰有关的人类行为，之所以能够产生的原因当出自于实用目的。

即使后来起装饰作用的某些服饰，最初也应来源于实用。在山顶洞人遗址中，曾出土有大量钻孔物品，如有孔贝壳、兽类犬牙、石珠、鱼脊椎骨、骨管等。如果将这些穿孔物品串在一起，就成为一种具有特殊功能的项饰。其中，钻孔兽犬牙即是一种既可用于采集又可用于缝纫衣服的工具。在采集狩猎时代，为尽量接近和迷惑野兽，以提高捕获野

图1-3-1 达斡尔族猎人装束。（采自邢莉主编：《中国民族服饰文化》）

兽的能力，原始人类往往利用野兽皮将自己伪装起来。至今，生活在我国东北森林中以狩猎为生的鄂伦春、达斡尔族猎人，在狩猎之时还用狍子角做成狍角帽来伪装自己，以迷惑那些狡猾的狍子。（图1-3-1）

在神话传说中，也有以兽皮来伪装自己，以增加狩猎量的现象。据说，远古时代，有个聪明人苦于难以捕获到野鹿，便将鹿皮包裹在身上，把鹿角系在头顶上，结果那些野鹿被这种伪装所迷惑，从而使这位狩猎者能够靠近野鹿而获得更多的猎物。后来，人们把这个人称为"角"。

即使在今天，仍然能够见到一些原始时代以伪装方式来捕获野兽的遗留。在农村中，还可能见到有的儿童戴虎头

图1-3-2 鄂温克族冬季童装，所戴皮帽即带有野兽头的形状。（采自韦荣慧主编：《中华民族服饰文化》）

帽、穿虎头鞋现象。这种童装即可能是远古先民伪装狩猎的一种遗留。甚至，在一些以狩猎为主要经济活动的民族中，还存在利用野兽的某个部位做成风格独特童装的现象，以增强服饰的艺术效果和儿童的天真活泼感。在鄂伦春族儿童冬季装中，仍然能够见到所戴皮帽为野兽头形状者便是其中一例。这类与野兽头形状相似的童帽，将儿童打扮得更加天真可爱，也使鄂伦春人曾经有过利用野兽皮将自己伪装起来的风俗得到较为生动的反映(图1-3-2)。

不过，当今学者大都认为，原始时代的野蛮人似乎对于装饰和美观更加注重。达尔文曾经讲述了一则笑话：在寒风刺骨之时，他遇到了一个处于原始社会的野蛮人。看到这个野蛮人被冻得快要不行的可怜样，他将一块红色的毯子送给了这个在寒风中簌簌发抖的野蛮人。但是，令达尔文不可思议的是，这个野蛮人并没有把毯子披在他的身上，以抵御令人窒息的寒冷，而是将毯子撕成一片片，分给了围在他身边的野蛮人。这些野蛮人将所得到的一片毯子栓在腰间，在寒风之中裸体跳跃着，以宣泄自己的美观。

于是，19世纪的民族学家们从社会形态发展较为原始的野蛮人的服饰中得出了一个共同的结论：在服饰文化中，除生活在北极圈附近严寒之中的爱斯基摩人外，几乎所有的狩猎民族都将装饰看得比实用更为重要。

大概正是在这种思维定势的支配下，民族学家、人类学家从那些现存的原始部落中带回了大体类似的照片：赤身裸体的野蛮人一点也不知道羞耻，他们将最为隐私的部分毫无顾及地暴露在光天化日之下，而在头顶、耳垂、颈间、腰际、手腕和脚踝上挂满了各种饰物，各种兽骨、贝壳和

图 1-3-3　伏羲女娲图。（采自《中国美术大图集》）

珍珠成为项链，兽皮围绕在腰间，羽毛插在头上，这一切似乎都能够说明：

"爱美是人的天性"。

即使在中国古老的传说中，也有以衣服来遮羞的传说。据说，伏羲氏即是这样一位圣贤。唐代人李冗在《怪异志》中，还将伏羲与女娲说成是兄妹结婚的一对夫妻。伏羲不仅"制以俪皮嫁娶之礼"，而且还制作衣裳，遮盖人体私处，使人有了羞耻感。（图1-3-3）

事实并非如此。

我们认为，即使人体装饰，最早也应起源实用，只是越到后来审美成分才越被掺入其中而已。在服饰中所掺入的人类审美观念，大体而言无外乎有两大类：一是自我欣赏，自我陶醉，以满足自我感官和精神的需求；二是在于显示自我，吸引他人，尤其是吸引异性的注意。

在原始时代的考古发掘中，曾出土过众多装饰品。在旧石器时代中期，峙峪人已经知道利用墨石制作装饰品，以美化自己的生活。在距今约三万年的下川文化中，即已发现用玛瑙、玉髓、黑曜石制作成的装饰品。进入新石器时代以后，伴随加工技术的发展和人们审美水平的提高，佩戴骨、角、牙、玉、石、陶、贝等装饰品已经成为一种时尚，从发饰的笄、耳饰的 、颈饰的串珠与项链、腰饰的璧、臂饰的环、腕饰的镯、指饰的环，到带钩、额箍、冠饰等，制作工艺水平之高，种类之多，不可胜数。因此，当代学者才认为，在原始时代晚期，存在一个玉、石并存的文化演进时期；古代人才说："神农氏之世，以石为兵；黄帝之世，以玉为兵；到大禹之世，以铜为兵；后来，才以铁为兵。"（图1-3-4）

图1-3-4 浙江余杭县瑶山新石器时代遗址出土玉串饰。（采自《良渚文化·玉器》）

图1-3-5 旧石器时代考古发现饰物。（采自陈高华等主编：《中国服饰通史》）

实际上，这些饰物在其产生之初，首先是以带有实用价值的工具而出现的。在旧石器时代晚期，考古所发现大量的串状饰物往往由多种物品组成。其中，既有贝壳和绿松石等，也有野兽的骨骼、尖角与牙齿等。这些饰物被钻上孔，串连成一串，即成为一种别致的项链。这样一个项链的各种饰物中，其原始形态实际上应是远古时代人类随身所带多种工具。那些刃部锋利的贝壳，既可以被用来割取野生植物的果穗，又可以被用来切割猎获野兽的肉。那些尖状骨骼和角、牙等，既用来翻土，以挖取野生植物的根茎，又可以被用来钻孔，以缝纫衣服。因此，将远古先民所佩戴的这类串状饰物称之为一种他们随身携带的"工具箱"也未尚不可。（图1-3-5）

图 1-3-6　榆林石窟 1 号窟五代面部贴花细的妇女形象。（采自邢莉主编：《中国女性民俗文化》）

在文献中存在众多这样的例证。如黎族女子的文面，宋人周去非的《岭外代答》说："海南黎女以绣面为饰……其绣面也犹中州之笄也，女年及笄，置酒会亲旧，女伴自施针笔，为极细花卉飞蛾之形。" 这就是说，海南黎族女子的文面，如同汉族曾经有过的女子笄礼一样，是一种成年的标志，凡是举行过文面的黎族女子，就可以取得参加成年人交际活动的门票，具有了成年资格的同时，也拥有了谈情说爱的自由。（图1-3-6）

即使在现实生活中，还存在此类众多民俗事象。如新娘出嫁前的"开脸"风俗，贵州麻江饶家人有一个传说解释其中原因：从前，饶家女祖阿令婆年青时，长得人高马大，脸上汗毛丛生，样子凶得很，吓得男青年谁也不敢前去求婚。一天，坐在溪水旁边的阿令婆正发愁找不到郎君，无意中发现自己映在溪水中的模样丑陋吓人。于是，她以柴灰涂面，以线将汉毛绞去。如此打扮一番，阿令婆变得眉清目秀，楚楚动人。小伙子被她的美貌惊呆了，争相托人前去求婚，阿令婆终于寻到了一个如意郎君 。

在现代社会生活中，也存在众多这样的例证。例如，以荷包为饰品的现象在当今河南、河北、山东、山西、陕西、江苏及东北三省的农村中仍有所见。荷包的刺绣花纹多为鸳鸯、并蒂莲、同心结、双蝴蝶等象征纯真爱情的图案。在清代，佩戴荷包更是一种风靡朝野的风俗。不仅皇帝以荷包赏赐臣下，后妃以荷包呈献皇上，达官贵人之间以荷包相互赠送，而且民间男女交际多以荷包为赠品。对此，清人解释说是"仿先世关外遗制，

图 1-3-7　故宫博物院藏清代葫芦形荷包（1）、平镜绣荷包（2）及荷包式香囊（3）。（采自黄能馥等主编：《中国服饰艺术源流》）

示不忘本"。其实，荷包作为定情之物的起源当更早。就荷包原始文化内涵而论，当为女性崇拜的一种产物。因此，以荷包这种饰物定情当发轫于母系氏族社会之中。及至后来，荷包作为一种精致的女红制品才成为女子表达自己的一片真情的信物。无论是年轻少妇为丈夫所做荷包，还是姊妹为兄弟所做荷包，或是未嫁姑娘为自己的心上人所做荷包，无不是女性纯真情感的一种表示。（图1-3-7）

原始时代，宗教意识作为服饰问世的一种的动力，也不可低估。在原始宗教产生之初，不仅自然崇拜与祖先崇拜、图腾崇拜成为最为广泛信仰而影响到人类生活的方方面面，而且每个人都兼有与各种神灵相互交通的职能，从而使宗教所具有的促使独特服饰问世的功能还显得较为模糊。但是，当巫史这类专门性神职人员产生之后，当社会的发展需要对所有人都兼有与神灵交通的职能进行限制和约束之后，宗教对于服饰干预的作用便凸现出来。

宗教对于服饰的起源干预时代，当为传说中的颛顼时代。据说，在颛顼之前，"人之初，天下通，人上通，旦上天，夕上天，天与人，旦有语，夕有语。" 这就是说，在人类早期是不存在巫之类的神职人员的，人们如果有什么疾苦，自己就可以直接上天对神诉说。如此人神混杂局面，显然不利于有阶级社会的秩序管理。因此，颛顼在打败共工氏之后，"乃命

图1-3-8 正在跳嚓玛的蒙古喇嘛巫师的服饰。（采自陈高华等：《中国服饰通史》）

南正重司天以属神，命火正黎司地以属民"，从此结束了"民神杂游，不可方物；夫人作享，家为巫史"的局面。表面上看来，颛顼所实行的"绝地天通"措施仅是一种在宗教上剥夺了多数人与神交通的权力而为少数人所垄断的变革，但在政权建设上却拉开了一般人与神的距离，揭开了巫史职业化、世袭化及神权为政权服务的序幕。从此，为与一般常人区别开来，巫之类神职人员的服饰便带有了独自的特点。（图1-3-8）

可以说，宗教神职人员的服饰，是巫史之类神职人员进行宗教活动时的一种道具，是神职人员与各种神灵进行交通时的一种掩饰与媒介。如某些神职人员进行宗教活动所使用的面具。固然，这些面具可能因为时代的变迁而有所变化，但是，宗教神职人员的服饰，除在制作上具有较为原始的特点之外，一般都不会因时代变迁和服饰风俗的潮起潮落而发生较大的变化，呈现为千年一贯制的特点。如佛教神职人员的服装，从有关资料看，现代的佛教神职人员服饰与宋明时代的佛教神职人员的服饰并没有发生显著的变化，其服饰无不带有宽松、制作简单等特点，既是服装制作工艺较为原始的一种遗留，也是神职人员的服饰带有浓厚的实用性的一种体现。（图1-3-9）

图1-3-9 穿礼服的喇嘛。（采自黄能馥等主编：《中国服饰艺术源流》）

在远古时代，当社会生产力进一步发展并促使私有制产生之后，原始服饰才在经过实用以及实用和审美结合两个阶段的基础之上，进入了财产与审美结

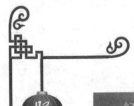

图 1-3-10　苗家姑娘最爱俏，图为贵州盛装打扮的苗族姑娘。（采自黄能馥等主编：《中国服饰艺术源流》）

合阶段，奏响了服饰起源的第三个乐章。

　　私有制的问世，使人们的价值观发生了根本性变化，服饰也因而被打上了私有制的烙印。对此，有的学者曾经说，那些精美的服饰，"并不是技巧，而是财富。那些富有的人，由于自己的虚荣心，一定力求给那当时愈来愈成为他的财产——至少在某些地方是如此——妇女戴上尽量多的金属装饰品"。

　　地下考古资料完全证明了这一点。在大汶口文化中，凡是随葬猪头较多的墓葬，装饰品不仅数量较多，而且格外精致。在良渚文化中，装饰品以玉为主。凡是较大的墓葬，所出土的玉器也格外精美和珍贵。寺墩遗址中有一座墓葬，随葬的玉璧即有 5 件，玉琮 2 件，玉珠、管、坠等 18 件。相反，有的墓葬却连一点随葬品也不存在，真正是一群"赤条条来到这个世界，又赤条条离开人间"的冤魂。

　　当今的社会现实生活同样能够证明这一点。生活在黔东南、湘西等地区的苗族，家中不管有几个姑娘，都要为她们各自准备一套作为"礼服"的盛装，以及一套令人羡慕的银饰。银饰包括银梳、银项圈、银牛角、银花、银挂饰、银手镯等十几种，有的总重量甚至达 15 公斤之多。每逢节日到来之时，姑娘们都要穿上盛装，戴上银饰，精心打扮一番，花枝招展地前往歌墟，与青年男子对歌，以歌传情，寻找自己的心上人。之所以如此，据说，一在于炫耀姑娘美丽；三在于显示姑娘心灵手巧；三在于表达姑娘家富有。当大女儿出嫁时，银饰要作为陪嫁品，但新婚之后，银饰要送回娘家，由二女儿穿戴。二女儿出嫁之后，再转交给小女儿。当所有女儿都出嫁之后，交还给娘家的银饰，银牛角由儿子来继承，其他银饰由几个女儿平分。（图 1-3-10）

服饰既然被打上私有制的烙印，不仅可以被作为财富的一种象征，而且在原始社会的晚期服饰便有可能成为处于不同社会地位的人的一种体现和反映。在传说之中，存在众多有关远古圣人制作衣服的传说。如《庄子·盗跖》谓："神农之世，耕而食，织而衣"；《易·系辞》谓："黄帝垂衣裳而天下治。"从字意上解释，这些传说所表达的是神农制作衣服的功绩，但历史的真实，应是在神农时代中国已经开启了服饰作为人的身份和地位象征的先河。因此，伴随私有制的出现和确立，拥有更多权利和财富的头人和酋长，便会在私有欲望的驱使之下，刻意追求服饰的华丽、美观和舒适。这些人会利用氏族和部落所赋予给他们的权利，在尽量占有氏族与部落的财产的同时，使自己的服饰趋向更加奢侈、庄重和华丽。大概正是因为如此，大禹在践天子位时，将尧的儿子丹朱、舜的儿子商等才皆有封土，而且要"服其服，礼乐如之"。这就是说，在大禹成为王之前，无论是尧，还是舜，都已经拥有了自己的特殊服饰，以表示他本人所拥有的社会地位和身份。因此，后来《左传》所强调有阶级社会应"服以旌礼"的原则在原始社会晚期即已经出现，并成为中国进入有阶级社会之后服饰发展和演变的一种最为重要的因素。

固然，在服饰的起源上，可以人为地划分出实用、实用与审美结、实用与审美及财富乃至社会地位相结合三个阶段，但是，这并不是说，实用、审美、财富乃至社会地位的象征这四种不同因素在服饰起源中所起的作用是一样大小的。在原始时代，由于受各种条件的限制和制约，实用在服饰起源中占有主导性地位。大概正是出于实用的需要和可能，各地才产生了重大服饰上的显著不同。这种不同不仅使我国服饰至今都存在明显的地域性差别，而且使中国服饰在原始时代呈现为更明显的"拿来主义"的特征。或许，历史上一直标榜的"桑麻之利"便是"拿来主义"的一种体现。

更应当清楚的是，在服饰未来的发展历程中，促使中国服饰文化发生演变的因素则也无外乎实用、审美、财富、地位这四个方面。这些因素或单独在发挥作用，或某两种或两种以上因素在同时发挥作用，从而刺激中国服饰文化在不时地发生着变化，催发了一个又一个服饰风潮的出现，弹奏出中国服饰发展的铿锵之音，演义出中国服饰变化的五彩历史。

第二章

服以旌礼：时代的辉煌

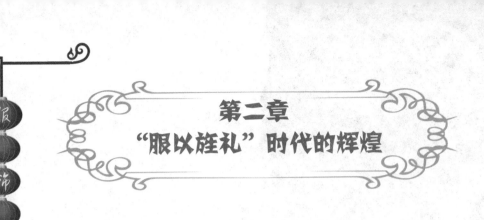

第二章
"服以旌礼"时代的辉煌

服饰既是一种生活必需资料，又是一种礼制象征物品。伴随有阶级社会的到来，在夏商周时代，服饰作为礼制物品的特征不仅更加明显，并逐渐形成了一座独特的"金字塔"，成为一种不可逾越的"礼"的殿堂的同时，也充分显示了"服以旌礼"时代的光辉。

1．"服以旌礼"时代的开启

夏商周三代，既是中国文明殿堂的堆砌时代，也是中国服饰开始走向礼制化的时代。在这样一个时代里，不仅中国服饰文化完全被纳入了一种僵化的"礼"的范畴之中，而且中国传统时代服饰文化的基调被确立起来，从而成为后世历代封建王朝所效法和追求的一种范例。

服饰礼制化应起源于原始社会晚期。自原始社会晚期开始，在服饰上便产生了异常明显的贫富对立现象，冠服制度也开始进入萌芽阶段。可以肯定地说，伴随私有制的出现和确立，那些氏族头人和部落酋长，在私有制的规范下，在占有欲的刺激下，对于华丽服饰的追求欲望即表现出从来没有过的强烈。他们利用氏族和部落所赋予的权利，不仅能够将氏族与部落的一部分公有财产占为己有，而且尽力讲究打扮入时，利用最为华丽的衣服来装扮自己。我国在民主改革之前，一些带有原始社会浓厚残留的村寨头人和部落酋长，无一不是这些地区打

图 2-1-1　史前天门肖家屋脊出土穿耳玉戴冠人头像，当为酋长之类人物的肖像。（采自陈高华等主编：《中国服饰通史》）

扮最为标致的代表便是这种社会现象的一种反映。（图 2-1-1）

在原始社会晚期考古资料中，随葬品数量和质量的悬殊差别，即应是氏族、部落乃至部落联盟酋长大量占有财富的一种反映。在晋南襄汾陶寺文化晚期遗址中，服饰上所表现出来的贫富不均现象即非常明显。所发现的千余座墓葬，绝大多数无任何随葬品，约占 13% 的大中型墓葬，随葬品丰富。一座编号为 1650 的中型墓，男性墓主人被平置于厚约 1 厘米的网状类编织物上，周身裹以平纹织物，上体白色，下体灰色，足部橙黄色。骨架上又覆盖麻类编织物，反复折叠成 10～12 层，直至棺口盖板，棺盖上还覆盖一层麻类编织物 。这说明，在原始社会晚期，服饰文化即开始向着"服以旌礼" 的道路迈进了。

图 2-1-2 史前穿套头衣的石雕人像。（采自陈高华等主编《中国服饰通史》）

传说也证明了这一点。在中华民族的传说中，有众多关于"黄帝、尧、舜垂衣裳而治天下"、"黄帝造衣裳" 的传说。对于此类传说，以往的诠释皆认为这是黄帝、尧、舜等先哲是衣服的发明者。但是，认真思考一下，便不难发现，其中存在令人不解之处。可以说，在黄帝、尧、舜等父系氏族社会的圣人出现之前，服饰早已问世，并成为母系氏族社会中的一种重要文化现象而呈现在人类历史的长河中。因此，有关此类传说的解释只能是：伴随父系氏族社会的到来，母系氏族社会人与人之间的平等态势被打破了，父系氏族社会的先哲们创立了带有区别贵贱尊卑、带有级别特征的服饰，从而开启"服以旌礼"的先河。对此，倒是荀子的话很有道理。他谓，黄帝轩辕氏"价冕旒，整衣裳，染五色，表贵贱"，因而才有黄帝"垂衣裳而治天下"之说。（图 2-1-2）

甚至，有的传说能够描述当时华丽衣服的某些特点。如关于常娥的传说中，便包含有当时女性服装所带有长衣广袖的特征。常娥奔月传说有多个版本，其中一种说法为：常娥是当时天下最美的女子。她头戴碧玉琢磨的簪笄，身穿锦绣衣裳，脚穿丝织鞋子，衣袖垂膝，长而飘逸，裳裙及地，阿娜多姿。常娥的丈夫后羿穷兵黩武，经常攻打邻近的方国。常娥厌恶丈

图 2-1-3　明人唐寅作《常娥执桂图》（局部）

夫的这种秉性，在后羿出兵攻打有仍国时，便将后羿从西王母那里得到的长生不老药服下。不多时，常娥即像鸟儿一样飞了起来，一直向空中飞去。服侍常娥的侍女见此，慌忙跑上前去，试图拽住腾空而起的常娥。但是，这位侍女仅仅触摸到常娥的长长衣袖和拖地长裙，并没有将常娥拽住。不过，正是由于这位侍女的触摸，使升天时的常娥沾染上一些人间的凡气，因此，常娥再也不可能飞到天堂之中，只能飞到月亮上，一个人孤单单地呆在月宫之中，冷眼看着熙熙攘攘的人间，夜夜悲苦无眠。（图 2-1-3）

　　不过，中国服饰制度的初步建立，应当在夏商时代。伴随大一统夏王朝的建立，原始社会晚期即已出现的"服以旌礼"现象得到升华，服饰的性质开始由原始时代约定成俗的民事现象升华为带有国家法律色彩的礼制。司马迁道："禹践天子位，尧子丹朱、舜子商均皆有疆土，以奉先祀，服其服，礼乐如之。"这里所说的"服其服"，即《左传》所强调的"服以旌礼"和《管子》所标榜的"衣服有制……虽有贤身贵体，毋其爵不敢服其服"。之所以强调"服其服"，目的即在于"明贵贱之列，序等列之分"，以实现"非其人不得服其服，所以顺礼"的服饰"礼"制。

　　有关尧、舜、禹的传说也符合这种历史进程的真实。据说，在帝尧时代，社会还是以简朴为尚的。尧所住的房子，是用一般木头和泥土建造的，甚至柱子上的树皮还没有剥掉。尧所穿的衣服，与百姓的衣服一样粗糙。有一次，尧穿着麻布上衣和葛布下裳外出，遇到一位头发斑白的老者，致使这位老者根本没有分辨出站在自己面前的人就是他日夜所崇拜的尧。据说，接替尧而为天下治理者的舜也是这样一位注重简朴的先哲。舜的父亲瞽瞍并不疼爱舜，在暴日之下让舜去修理仓廪。舜的同父异母兄弟象乘机把梯子拿走，并将仓廪点起了火，妄图将舜烧死。站在仓廪顶上的舜见大火熊熊，但是，从房顶上下去的梯子已无影无踪。舜急中生智，将妻子蛾皇与女英为他编织的两个斗笠挟在左右肋下，像鸟儿一样从仓廪之上飞了下来，终于保住了性命。接替舜为天下主宰的大禹，在前期还是注重节俭的一位先哲。他治水之时，穿着草鞋，披着蓑衣，年复一年地投入治水之中，最终使洪涝灾害得到了根本性治理。但是，大禹登上帝位之后，便一改往日注重节俭的风气，刻意追求衣服的华丽。春夏之间，他穿上用丝做成的鞋子，以帛制成了衣裳。秋冬之际，他则穿上以羔羊皮或狐皮做成的裘衣。臣子们皆要对他顶礼膜拜，各方国无不按时节向他贡献金玉丝帛。如此传说表明，大禹已不再是一位与民同甘共苦的氏族首领，而是一位华丽服装打扮起来的独裁者。（图2-1-4）

图 2-1-4　夏禹王像。

服饰品类等级的差别，在与夏文化存在密切关系的河南堰师二里头文化遗址中即得到明显反映。在1980年发掘的一座二里头文化遗址墓葬中，发现有200多件绿松石管

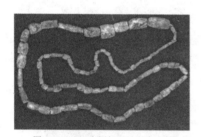

图 2-1-5　河南堰师二里头遗址出土的绿松石管串。（采自《考古》1984年第1期）

和绿松石片饰品，表明墓主人已拥有相当高的社会地位　。在第二年所发掘的一座贵族墓葬中，墓主人颈部佩戴有两件精致的绿松石管串饰，胸前有镶嵌绿松石片的青铜兽面牌饰　。（图2-1-5）这种状况正如《盐铁论·散不足》所说："及虞夏之后，盖表布内丝，骨笄象珥，封君夫人加锦尚　。"

到目前为止，所发现的商代服饰的丰富程度远远超过夏代，服饰制度得以在更深层次上确立。《帝诰》称商汤居亳，"施章乃服明上下"，"未命为士者，不得朱轩、骈马，衣文绣。"《逸周书》也说："其在商汤……变服殊号。"　这表明，商代服饰制度已涉及衣着的质地、款式、颜色及饰品等多个方面。

商代所出土的文物，为我们提供了可直接观察此时人物服饰样式的生动材料。在1935年殷墟的第12次发掘中，于西北冈1217号墓出土有一尊大理石圆雕残像。这尊圆雕像虽有残缺，但还能清晰的表明其衣着，是一尊"身着大领衣，衣长盖臀，右衽，腰束宽带，下身外着裙，长似过膝。

胫扎裹腿，足穿翘尖之鞋。衣之领口、襟部、下缘、袖口缘有似刺绣之花边，腰带上亦有刺绣之缘。裙似百褶，亦有绣纹" 的圆雕像。圆雕像衣饰有回纹、方胜纹等，为一贵族男子形象。（图2-1-6）

图2-1-6　殷墟西北冈出土大理石贵族男子圆雕残像。

殷墟妇好墓虽是一座中型墓葬，但由于妇好是商后期武丁王妃之墓，且没有被盗掘而显得随葬品特别丰富。从墓中所出土的重达8.5公斤的龙纹铜钺和重达9公斤的虎纹铜钺看，这位王妃即是甲骨文中曾多次提到的领兵打仗的女性军事统帅。因此，在妇好墓所建博物馆前，妇好雕像表现为头戴铜盔、身穿战袍、手握铜钺形象。所出土的笄、　、镯、练等装饰品，又表明她是身着华丽衣服、头戴精美骨笄、耳挂　，项系练，手戴镯，格外光彩耀人的贵妇人。出土的原编号为371的圆雕玉人像，头发盘成长辫，戴圆箍形"頍"，

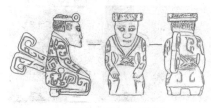

图2-1-7　殷墟妇好墓出土玉雕人像。

身穿交领窄长袖衣，衣长及足踝，束宽腰带，左腰插一卷云形宽柄器，腹前悬一过膝长条形"蔽膝"，着鞋。衣着华丽，神态倨傲，为一贵妇人形象　。（图2-1-7）

从上述两尊圆雕像中，可以清楚的看到商代贵族男子与妇人的衣着打扮，说明带有刺绣图案的华丽衣着，当是社会上层贵族的主要装束。

与社会上层贵族装束不同的是，中小贵族及其亲信的装束则带有素而去华的特点。河南安阳殷墟出土传世品圆雕玉立人像，头戴高巾帽，双手拱置腰前，身穿长袍，交领右衽，前襟过膝，后裾齐足，近似于文献所说的"深衣"。内裤稍露，腹下悬斧式"蔽膝"。"玉人衣素而无华，神态虔恭，当为中小贵族或亲信近侍形象"　。（图2-1-8）

图2-1-8　河南安阳殷墟出土头戴高巾帽、穿右衽交领窄袖衣、腰束绅带、前系佩韦韠（俗称"蔽膝"）的贵族男子玉雕像。（采自《中国服饰图录》）

图 2-1-9 安阳文化馆藏玉雕孩童像。

至于商代平民的装束则显得更为简单。据说，河南安阳文化馆所藏商代玉人圆雕孩童立像，头上束发为左右两总角。《礼记·内则》云："男女未冠笄者……总角，则无以笄，直结其发，聚之为两角。"此玉雕身穿长袖交领右衽衣袍，腰束带，下着齐足长宽裤，脚穿宽松软履，应为小贵族或中上层平民孩童装束。（图2-1-9）

至于身为奴婢的人，其衣着则带有寒酸的色彩。在1937年殷墟第15次发掘中，于小屯第358号窖藏中出土了一批陶俑。其中，有三个陶俑身着圆领长袖连袴衣，下摆垂地，腰束索。与此同时出土的陶俑，还有一丝不挂者，或双手被枷于胸前，或双臂被反绑。这说明，此类陶俑身份应是商代社会最低层的奴隶。（图2-1-10）

图 2-1-10 小屯 H358 出土穿长袖连袴衣陶俑。

图 2-1-11 商代贵族服装。（周汛等《中国历代服饰》根据出土玉人像绘制）

从这些玉、石及陶人像着装上，可以得出这样一种结论：在夏商时代，中上层贵族中所流行的服装为窄长袖花短衣，中下层社会中流行窄长袖素长衣，最低层社会中流行的服装为圆领窄长袖连袴衣。因此，战国时代所流行的"深衣"，在商代中下层社会中即已经出现。此类带有华饰的窄长袖短衣与西周时代所崇尚的以华衮大裘来象征权威和高贵的服饰文化显然是有所不同的。（图2-1-11）

夏商时代，中国服饰文化的另一个重要特征，在于存在明显的地域性和族群性差异。

中国幅员广袤，寒暑不一，燥湿各异，各地物产大不相同，地理环境和气候条件迥然有别，服饰自古以来即呈现出明显的地域性、族群性特征。

这种特征用《礼记·王制》的话来说，便是呈现为"衣服异宜"的多元化状态。只是，由于夏商时代中原华夏族的服饰逐渐趋向规范化、制度化状态，致使华夏族与周边民族的服饰差异距离拉得更大，从而使早已存在的服饰地域化、族群化服饰特征更加明显。

在四川广汉三星堆商代古城遗址祭祀坑及成都金沙出土青铜人像所反映的服饰，便充分的证明了这一点。

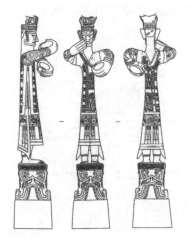

图 2-1-12 四川广汉三星堆商代古城遗址祭祀坑中出土大型青铜人像。（采自《中国文物精华》）

三星堆1号祭祀坑所出土的一座大型青铜立式人像，应属商前期。此大型立人青铜像，身高172厘米，头戴花状高冠，身穿三重衣。贴身袤衣为鸡心领，窄长袖，袖长及腕。外套为一件左边无肩无袖的半臂式单袖中长衣，下摆平齐，开领自右肩斜下过左腋绕回右肩相接，呈左衽式，衣上右侧和背部饰龙纹两组。夹在内衣和外衣之间的中衣，面料亦有与外套相似的大片花纹。正面胸前为交领右衽，后背为半开口式，袖长及肩，前裾过膝，长于外套，下摆平齐，宽缘边，后裾稍长于前裾，呈燕尾状，摆于左右两侧，垂至脚踝。这类半臂长袖、前裾比后裾短的过膝长衣，与"衣裳相连，被体深邃"的"深衣"颇有相似之处，但与前述身穿长袍，交领右衽，前襟过膝，后裾齐足，应为中小贵族或亲信近侍形象玉人服装存在明显的不同。（图 2-1-12）

三星堆所出土青铜人像，服装多为左衽，但也有右衽者。所出土的青铜跪坐人像，身穿右衽素色交领长袖短衣，衣前下摆呈尖角状，腰束织物三道，下身着兜裆短裤，一端系于腰前，另一端反系于背后腰带下，应属于所谓的"犊鼻裤"款式。（图 2-1-13）据说，西汉时，

图 2-1-13 四川广汉三星堆商代古城遗址祭祀坑中出土跪坐青铜人像。

与卓文君私奔的司马相如，为羞辱他的老丈人，在蜀郡"身自著犊鼻裈，与保庸杂作"。对于这种犊鼻裤，《急就篇》云："合裆谓之裈。"唐颜师古注释说："膝上二寸为犊鼻穴，无筒之裈谓之鼻，今犊鼻裈也。"《集解》注释《史记》云："今三尺布作，形如犊鼻矣。"由此可见，直至汉代，犊鼻裤之类的粗糙衣服仍在民间流行。

成都金沙商代遗址出土的青铜立人像，应属商代晚期。此青铜立人像大眼圆睁，神情肃穆，双臂抱持，与三星堆青铜立人像手势造型大体相似。头戴环形无顶帽圈，帽圈边缘有 13 根弧形长牙饰物，呈逆时针旋转，似太阳光芒。耳垂有小孔，原应有耳饰相佩。脑后垂三股长辫至臀部，在腰处用一宽带将三股发辫扎为一把。身穿长袖袍，下缘齐平过膝。腰束带，双腕各佩一枚较宽的箍形饰物，亦应为高级权贵装束。（图 2-1-14）

四川广汉与成都金沙出土的青铜人像所表现的服饰特征，既带有各自的特点，又带有一定的共性，生动地反映出西南地区服饰所带有的族群性特征，也从一个侧面说明了夏商时代"服饰异宜"的地域性和族群性差异。

图 2-1-14　成都金沙出土青铜立人像。

2．"服以旌礼"殿堂的堆砌

伴随西周的建立，服饰上所存在地区性、族群性差异特征得到一定淡化的同时，也将中国的服饰制度推向了"服以旌礼"的高峰。

西周时代，是一个礼文化盛行并被定格的时代。周礼的制订并被大力推行成为西周时代中国文化发展最为重要的显著特征。在周人心目中，"礼"是由"天"所制定的，是"天"的意志的体现，即所谓"礼之大体，体天地，法四时，则阴阳，顺人情，故谓之礼。"这就是说，礼为天意，遵从礼即为顺天行事，否则便是非礼。西周时代礼法一体，非礼即是犯法，就要受到刑法的制裁，因而才有"礼乐刑政，其极一也"的说法，表明周礼制定的目的在于"名以制义，义以出礼，礼以体政，政以正民，是以政成而民听"。

服饰制度是周礼的一个重要组成部分，极力推行周礼所规定的服制便成为西周时代服饰发展的一个重要特点。因此，"同衣服"、"禁异服"，在西周时代似乎成为一种强大的社会潮流。在西周时代，不仅服饰被作为"明贵贱，序等列"的重要内容，而且成为区分文明与野蛮的一种重要标志。凡是推行周礼之地便被称为"化内之地"，不推行周礼的地区便被视为"化外之地"。看一个地区和一个部族是否推行周礼，一个重要标准便是看是否实行西周的服饰制度。因此，不仅自周代开始即以服装是否为"右衽"还是"左衽"来作为区分华夏还是周边民族的一种标准，而且西周之后的历代

图 2-2-1　西周山形冠俑。（采自陈高华等主编：《中国服饰通史》）

王朝无一不把"改正朔，易服色"作为头等大事予以重视。

有迹象表明，自西周初年开始，统治者即将不实行西周服制者视为蛮夷之类予以另眼看待。据说，周武王消灭殷商凯旋回到宗周后，在向周庙献殷俘作为牺牲时，"乃夹于南门用俘，皆施，佩衣衣"。孔晁注云："取乃衣之施之以耻也。"这就是说，西周与殷商之间存在服饰上的差异，为羞辱战败的殷商，在献虏时，周武王不惜采取解除对方衣服以制造族类排他心态的方式。这种排他性心态，中断了夏商时代"服饰异宜"的进程，改变了夏商服饰的"礼"制特点，为全面确立西周的"非其人不得服其服"的服饰等级制度开辟了道路。（图 2-2-1）

从有关传说中，也能够看到西周时代在推行服饰礼制中所带有的不遗余力的特点。据说，西周初年，伯夷和叔齐是反对出兵灭商的两位大臣。但是，周武王并不听这两位大臣的劝阻，毅然出兵灭掉殷商。为此，伯夷和叔齐气得要死。他们认为，殷商无道，应该灭亡，但不应该以

图 2-2-2　躲进首阳山不食周粟、不着周衣的伯夷与叔齐图。

兴师动众的方式去灭掉商朝，而应该像唐尧虞舜那样以禅让制来取得王位和权利。因此，当周武王灭掉殷商后，伯夷和叔齐便下决心不穿周朝的服装，不食周朝的粮食，不住周朝的房子。他们两人躲进首阳山中，以野菜为食，以野葛为衣，以山洞为居，像野人一样生活着，最终被冻饿而死。（图2-2-2）

西周服饰的最大特征，便是全面规范服饰礼制，使不同人的身份地位与服饰完全相适应，制定了一套完备的祭服之制、丧服之制、朝服之制等。西周服饰制度不仅在服装的样式、颜色、纹饰、质地等方面都予以严格规定，以区别贵贱尊卑，而且还设立各种服饰之官，以确保服饰制度的贯彻与落实，从而使中国服饰制度进入有史以来最为完备和严格的时期。

西周时代，服饰制度成为礼制不可缺少的组成部分，显得异常繁琐复

图2-2-3　东汉光武帝画像。（采自《中国大图集》）

杂。孔子对周礼推崇备至，曾极力主张以冕服来区别人们身份地位的高低和贵贱。他说："天子株卷衣冕，诸侯玄卷衣冕，大夫裨冕，士皮弁服。"在西周服制之中，仅天子的祭服即有六种，分别用于祭天、先王、先公、山川、社稷和百物等不同场合时穿戴，被称为"六服"。祭服上的纹饰有12种，依次为日、月、星辰、山、龙、华虫、宗彝、藻、火、粉米、黼和黻，被称为"十二章"。诸侯、卿大夫等从王祭祀，所穿祭服纹饰要依次递减。公的祭服省去日、月、辰三章，侯、伯仅用华虫以下七章，子、男用藻以下五章，卿、大夫仅用粉米以下三章。西周时代所制定下的有关天子冕服制度为后世帝王所效法，成为封建皇帝服饰的一种滥觞。（图2-2-3）

西周时代，统治者以华衮大裘象征权威，从而使夏商时代统治者崇尚以华丽窄长袖短衣来显示高贵的观念得到改变。《世俘》说，周武王"服衮衣"祭祀周庙。《周礼》云："王之吉服，服大裘而冕。"《周礼·天官》也道："司裘掌为大裘，以共王祀天之服。"衮衣大裘当是指绘有龙纹之类纹饰

图 2-2-4　西周青铜执物俑。（采自陈高华等主编：《中国服饰通史》）

的宽衣大袍。直至战国世代，墨子还说："齐桓公高冠博带，金剑木盾，以治其国。"西周时代所开始的这种统治者以华衮大裘博袍为服，卿大夫以高等裘皮为服，士阶层以下一般以布衣、低等裘皮和短衣紧身袴为服的服饰先河，在中国服饰史上产生了重要影响，决定了中国封建社会服饰的基本面貌。（图 2-2-4）

从有关记载看，西周时代服装有冕服、弁服、元端、深衣、裘、袍等。冕服包括冠、上衣、下裳、腰带、佩饰和履等，是最高级的服装，为贵族的礼服。冕为周天子、诸侯及卿大夫祭祀时所戴的冠。冕的顶部有一木板，名之为"延"。延前低后高，呈前倾之势，寓意俯伏谦虚。延的表面裱以绢，上面漆成玄色，下面漆成纁色。前后两端垂挂玉珠，称为"旒"。旒的多少被用来表示戴冕者的身份和地位。周代，天子之冕用 12 旒，上大夫为 7 旒，下大夫为 5 旒，士仅用 3 旒。后世，某些朝代也曾利用这种垂挂旒的冕来显示身份和地位，不过，皇帝之冕与封王之冕是有一定区别的。（图 2-2-5）

西周时代的服饰制度，对于冠最为重视。其中原因，可能是因为，在古人意识中，人的头是最高贵的缘故。冠又被称为"头衣"。因"元"字的本义即为"头"，故冠又被称为"元服"。据说，晋文公死后，狄人伐晋，先轸免胄冲入狄人阵中战死，"狄人归其元，面如生"。这里的"元"字即为"头"的含义。在先秦时代，男女进入成人之际，都要举行成人礼，男子成年礼被称为"冠礼"，女子称"笄礼"。在古代男子中，不戴冠者有四种人，即

图 2-2-5　明鲁王墓出土墓主人所带冕。（采自《新中国考古发现与研究》）

小孩、罪犯、异族和平民。异族人不戴冠，原因在于自己特有的风俗习惯。罪犯不戴冠，在于被髡发，即头发被剃去，因而不能戴冠。平民不戴冠，在于有碍劳作，通常以青布束发，故而百姓又被称为"苍头"。小孩不戴冠，因为还不到戴冠的年龄，没有戴冠的资格。

在周代贵族社会中，男子当冠而不冠者被认为是"非礼"，即要受到惩罚，甚至有为捍卫这种冠制而丢掉性命者。据说，孔子的得意门生子路便是其中之一。子路办事干练，纯朴耿直。他曾在卫国当过几年县宰之类的小官，后来在卫国实际掌权者孔悝门下为客。卫国政局动荡，孔悝被夺权者所劫持，子路前去救援。由于寡不敌众，子路被砍伤数处，身负重伤，所戴冠的缨子也被刀砍断了。子路如同他的老师孔子一样，是视周礼为命根子的优秀门生，自然以礼为先。在性命攸关之际，仍然认为自己的冠是不能不整的。于是，他嘴中说着"君子死，冠不免"的话，手中的武器也丢在一旁，腾出手来整理头上的冠缨。那些夺权者趁机蜂涌而上，一顿乱刀，将子路剁成肉酱。

无独有偶，南宋末年，也曾有过类似子路那样视冠礼重如生命的人。当蒙元大军如秋风扫落叶一般席卷南宋之际，衡州知州尹谷在城破人亡之时为两个不满 18 岁的儿子匆忙举行了冠礼。对此，别人大惑不解，尹谷解释道："这样可以使儿子戴冠见先人于地下！"元军破城之时，尹谷和他的两个儿子誓不投降，自焚身亡。

图 2-2-6　内蒙古伊克昭盟杭锦旗阿鲁柴登出土战国金冠带。（采自《中国美术全集·工艺美术》）

如此事例，乍看起来未免迂腐得透顶，但仔细揣摩其中原因，可见古人对于冠礼及冠服的重视，因此才有宁肯"守礼而死"，绝不"失礼求全"之举！（图 2-2-6）

质地如何，是服装华丽与否和显示人们身份高低的一个重要方面，自然也被纳入西周时代的服饰制度中。在西周时代，锦绣绮罗被视为上服，身份低贱者是不得服用的。《礼记·玉藻》即说："士不衣织。"意思就是说，士是不能穿织锦面料服装的，只能穿以染缯面料做成的衣服。《诗经·豳风·七月》谓："无衣无褐，何以卒岁。"可见，褐衣为卑贱者的服装。因此，《管子》云："刑余戮民，不敢服丝。"（图2-2-7）

图2-2-7 天津博物馆藏西周青铜人像线图。

当然，最高统治者所穿华丽服装是用各种名贵面料制作的。春衣与夏装，使用的面料为锦绣绮罗。冬装，以各种名贵毛皮作为面料。商周时代，制作裘服的毛皮即有狐、虎、豹、熊、犬、鹿、羊、貂、狼、兔等毛皮，其中，狐、貂等毛皮做制成的裘既轻又暖，被称为"轻裘"，是高级贵族所穿用的冬季服装。最为珍贵的裘当为以狐腋下纯白毛皮所制成，被称为"狐白裘"，价值千金，是最高统治者所穿用的裘。

冬季，贵族以轻裘为主要服装，目的在于舒适温暖。但舒适温暖之中，贵族们便忘记了民间疾苦。据说，卫灵公即是这样一个人物。在严寒的冬季，身着狐裘的卫灵公下令让百姓修整护城河。大臣宛春认为这种行动不合时宜，犯颜直谏说："天寒地冻季节动工修整护城河，民工根本受不了。"

图2-2-8 新疆哈密五堡古墓出土相当于西周时期的无领窄袖毛布袍。（采自《新疆古代民族文物》）

卫灵工大惑不解，说："我一点也不感觉冷啊！"宛春听到卫灵公的话，感到苦笑不得，说："您身上穿的是轻暖的狐裘，座位上垫的是熊皮，屋子里还生着火盆，当然一点也不冷。可是，在刺骨寒风中劳作的民工，所穿是以麻布和葛布制作的粗劣衣服，吃的是低劣的饭食，有的甚至连双鞋子也没有，他们怎么不冷呢？"卫灵公认为宛春说的有道理，不得不撤消修整护城河苦役的命令。

即使在服装颜色上，西周时代也有严格规定。《礼记·玉藻》谓："衣正色，裳间色，非列采不入公门。"孔颖达《疏》："正谓青、赤、黄、白、黑五方正色也；不正谓五方间色也，绿、红、碧、紫、骝黄是也。""列采"指的则是彩色不贰之正服。由此可见，在服装颜色上，西周时代以正色为尊贵，以间色为卑贱，贵一色而轻贰采。从有关文献看，西周时代，无论是冠服，还是蔽膝、束带，均以颜色来显示着衣者的身份，其中，赤（大红）、朱（朱红）之色最为显贵 。（图2-2-8）

西周时代，统治者所堆砌起来的"服以旌礼"的殿堂，对于中国封建社会的服饰产生了极为重要的影响。在中国传统社会中，服饰具有非常明显的等级性，不同社会阶层、社会群体在着装上存在很大差异，即所谓"见其服而知贵贱，望其章而知其势" 。自西周开始，直至清朝灭亡，服饰等级制度不仅越来越严格与繁琐，而且以"会典"、"律例"、"典章"或"车服制"、"舆服制"、"丧服制"等法律条文的形式予以明文规定，详细规范了社会各阶层、各群体的穿衣戴帽，成为社会君臣士庶各色人等不可逾越的一种国家法令。其中，不仅规定了冠服制度，以及服饰色彩、用料、纹章等，甚至，自隋代开始，连平日所穿常服也纳入服饰制度之列。隋代曾规定，官员五品以上穿紫袍，六品以下穿绯或绿袍，胥吏穿青袍，庶民穿白袍，屠夫与商人穿黑袍，士卒穿黄袍。自此之后，华丽衣服成为庶民不得染指的物品。明代规定：士庶服饰"不得僭用金绣、锦绮、 丝、绫罗，止许 、绢、素纱，其靴不得裁制花样、金线装饰。首饰、钗、镯，不许用金玉、珠翠，止用银" 。清代康熙年间，还规定，军民人等，禁止用蟒缎、妆缎、金花缎、片金倭缎、貂皮、狐皮、猞猁狲皮等 。

图2-2-9 身穿龙袍的袁世凯到天坛行祭天礼。（采自徐城北：《老北京》）

当然，家无隔夜之粮的穷苦百姓，是不可能奢望什么华丽衣裳的。他们只能过着衣不遮体的悲惨生活，唐代著名诗人王梵志所吟唱的"幞头巾子露，衫破肚皮开。体上无 裤，足下复无鞋"诗句，便是平头百姓衣着的写照。

但是，对于那些权贵与富有者而言，他们一天也没有忘记对西周时代所堆砌起来的"服以旌礼"殿堂的憧憬。1911年清王朝被推翻之后，那个一心想当皇帝的袁世凯即曾按照《周礼》的规定，做了一套龙袍，披在身上，

导演了一幕复辟的话剧。（图2-2-9）

西周时代所堆砌的"服以旌礼"的神坛，影响之巨由此可窥一斑。

3．创新与异彩纷呈神韵

西周时代所堆砌的"服以旌礼"的神坛，虽将不可逾越的等级性深深地镶嵌入中国传统时代服饰文化之中，但是，总有那么一些人敢于藐视服饰文化所带的等级性藩篱。这种特点，在春秋战国到来之际，便充分得到体现。

春秋战国既是一个学术思想活跃的时代，是一个社会生活变迁的时代，是一个周天子权势衰落的时代，也是一个中国区域文化定型的时代。在这样一个时代里，不仅诸侯、大夫相继崛起，而且连过去被视为奴婢的"陪臣"也登上主宰历史的舞台。这些崛起于政坛的爆发户，自然不甘心于原来仅为周天子所享用的冠服。他们必然采用天子才能够使用的服饰，以表示自己所拥有的权威。在这股藐视周天子的浪潮中，甚至连那些不能享受"礼"的富有者，也成为"高冠博带"、"披褐怀玉"的一群。可以说，时代的变动，使西周时代所堆砌起来的"服以旌礼"的有序神坛呈现出一片从来未有过的混乱局面。

图2-3-1 孔子像（采自《中国美术大图集》）

混乱无序便孕育着探索。春秋战国时代服饰僭越现象的泛滥，激发了人们的思考，从而产生了中国历史上第一次有关服饰文化的深层思考。在诸子百家的论著中，关于服饰应该向何种方向发展的见解，可谓是所在多有，不仅全面体现了不同学派在服饰观念上的差异，而且为这一时期我国服饰文化的创新和异彩纷呈奠定了基础。

崇礼尚仁的儒家主张服饰应"约之以礼"、"文质彬彬"。孔子认为，服饰应合乎礼的要求，什么身份的人在什么场合、什么时候如何着装，都应按照礼的规定执行，只有这样才能体现社会制度的有序和反映本人的修养，才符合社会规范。孔子对于周礼特别崇拜，对于体现周礼的服饰也推崇有加。在颜渊"问为邦"时，孔子说："行夏之时，乘商之辂，服周之冕，乐则《韶》、《舞》，放郑声，远佞人。" 因此，孔子非常注重服饰之美与个人修养的统一。他称颂大禹"恶衣服而美乎黼冕"，说大禹平时衣着简朴，祭祀时则尽量穿得华美一些。因此，孔子去见子桑伯子，子桑伯子不穿衣戴帽即与之相见。弟子问："夫子何为见此人？"孔子曰："其质美而无文，吾欲说而文之。" 他的弟子子路"盛服见孔子"，孔子批评说："今女衣既盛，颜色充盈，天下且孰肯谏女矣？"于是，"子路趋而出，改服而入，盖犹若也。" （图 2-3-1）儒家的这种服饰观，对中国后来服饰的发展与演变产生过极为重要的影响。

但是，尚俭的墨子则不然，认为："故圣人为衣服，适身体、和肌肤而足矣，非荣耳目而观愚民也。" 墨子将"寒者不得衣"作为"民之巨患"之一，猛烈抨击了统治者"冬则轻暖，夏则轻清……以为锦绣文采靡曼之衣，铸金以为钩，珠玉以为佩，女工作文采，男工作刻镂，以为身服，此非云益暖之情也，单财劳力，毕归之于无用也。"

崇尚自然的道家则提出的服饰的原则为"披褐怀玉"、"甘其食，美其服"，从根本上否定甚至反对服饰的修饰作用。老子说："服文采，带利剑，厌饮食，财货有余，是谓盗竽，盗竽非道也哉！" 庄子非常推崇"不累于俗，不饰于物"。他称颂"袍无表"的曾子，"十年不制衣，正冠而缨绝，捉衿而肘见，纳屦

图 2-3-2 南朝裹巾帻、穿宽衣的士人。（采自周汛等：《中国历代服饰》）

而踵决。曳縰而歌《商颂》，声满天地，若出金石，天子不得臣，诸侯不得友" 。庄子本人穿着打着补丁的破旧衣服、系着麻绳去见魏王，王曰："何先生之惫邪？"庄子回答说："贫也，非惫也。士有道德不能行，惫也；衣敝履穿，贫也，非惫也。此所谓非遭时也。" 道家的这种服饰观，对于后世不受世俗所累、放荡不羁文人的服饰曾产生过重要的影响。魏晋

之时的竹林七贤，一个个都是不受世俗所累，敢于藐视权贵的放荡文人。他们袒胸露腹，宽衣博带，所穿服装绝不受当时服制所约束，充分显示了受道家文化影响极浓的玄学之风所带有的独特人生观。（图2-3-2）

推崇功利主义的法家则在否定天命鬼神的同时，提倡服饰要"好质而恶饰"。韩非认为："糟糠不饱者不务粱肉，短褐不完者不待文绣"，"是故乱国之俗，其学者则称先王之道以籍仁义，盛容服而饰辨说，以疑当世之法而贰人主之心。"这说明，韩非不仅不重视服饰的社会功能，而且说明他对于服饰风尚必须适应统治者的需求。在他看来，服饰风尚的变化是以

图2-3-3　洛阳金村出土战国青铜女孩。（采自《中华历史文物》）

统治者的好恶为转移的。他举例说："齐桓公好服紫，一国尽服紫……邹君好服长缨，左右皆服长缨，缨甚贵。"

如此多种服饰观的泛滥，既为春秋战国时代的服饰摆脱周代服饰规范化的羁绊，创立此期服饰五彩缤纷的时代风貌奠定了不可缺少的理论依据，也为后世新的"服以旌礼"制度的创立提供了必要的思想准备。

春秋战国时代的服饰应向何处发展？崇尚俭朴的墨子主张，服饰特色

图2-3-4　三门峡出土战国中期彩绘束冠、穿长袍、束宽腰带人形铜灯。（采自《河南博物馆》）

的形成应与当地特殊的地理环境和生产特点结合起来。墨子曰："昔者齐桓公，高冠博带，金剑木盾，以治其国，其国治。昔者晋文公，大布之衣，牂羊之皮，韦以带剑，以治其国，其国治。昔者楚庄王，鲜冠组缨，缝衣博袍，以治其国，其国治。昔者越王勾践，剪发文身，以治其国，其国治。"这表明，春秋战国时代的服饰，无论在衣服上，还是在饰物上，各不相同，皆有特点，出现了一个从来没有过的异彩纷呈的繁荣局面。

中原地区，为宗周所在，其服饰质朴，已呈现出定型化特点。居民不分男女和贵贱，常服皆为深衣。传洛阳金村古墓出土的铜女孩

像，头梳双辫，颈饰贝纹，穿立领长衣及膝，衣下小裙呈襞褶，腰带间佩饰物，足穿靴，呈现为宽袖长袍的特征。（图2-3-3）

三门峡出土战国中期彩绘人形灯，人束冠、穿长袍、扎宽腰带，也带有中原地区所穿宽袖长袍的服饰特征。（图2-3-4）

战国时期，齐国服饰风俗很值得提一下。齐国地处黄河下游，经济发达，"人民多文采布帛"，"其俗宽缓阔达"，服饰风尚呈现为好奢侈、无拘束的特点。"好奢侈"，系指统治者而言的。齐景公喜欢奇装异服，有时"为巨冠长衣"，"被狐白之裘"。他赏赐给晏子"狐之白裘、元豹之茈，其货千金"。齐景公本人"衣黼黻之衣，素绣之裳，一衣而五彩具焉；带

图2-3-5 管仲画像。

珠而乱首被发，南面而立，傲然"。（图2-3-5）

齐国服饰风尚的"无拘束"特点，指的则是平民，尤其是指女子的服饰而言的。在齐国，曾一度盛行女着男装风俗，原因也在于宫中首先出现此种风气。据说，齐灵公对于宫中女子着男装非常赞赏。但是，当民间女子效法宫中女性，致使女着男装成为一种时尚而迅速在临淄都城中流行起来时，齐灵公却非常恼火，感到这样有辱宫中威严，于是，下令禁止。但是，一条禁令哪能将一种时尚禁止得了。齐灵公不得不派官吏在都城中稽查，凡发现有着男装的女子，便将其衣服撕破，以示惩罚。结果，被撕破衣服者不少，

图2-3-6 位于临淄的齐国名相晏婴墓。

被剪断衣带者也比比皆是，女着男装的风气还是没有刹住。为此，晏子规劝齐灵公说："女着男装屡禁不止，根本原因在于宫中的女子仍然在穿男装。只要在宫中禁止女着男装，宫外的这种现象也就不禁自止了。"无奈

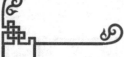

之下，齐灵公只得按照晏子所说的办，从此，齐国都城中的女子再也没有人敢女着男装、招摇过市了。（图2-3-6）

楚国服饰也很引人注目。楚国位于江汉地区，服饰以轻丽而著称。吕不韦大力扶植为质于赵国的秦公子异人，使其"楚服而见"秦昭王太子安国君的爱姬华阳夫人，为自己最终成为秦国政要打下基础。据考证，楚国的服装以种类繁多，色彩绚丽，款式新颖，做工精巧而闻名。（图2-3-7）对此，沈从文曾总结说，

图2-3-7 据长沙陈家大山楚墓出土帛画绘制楚国曲裾袍服图。（采自周汛等：《中国历代服饰》）

楚国服饰，"男女衣着趋于瘦长，领缘较宽，绕襟旋转而下，衣多特别华美，红绿缤纷，衣上有作满地云纹、散点云纹或小簇花的，边缘多较宽，作规矩图案，一望可知，衣着材料必出于印、绘、绣等不同加工，边缘则使用较厚重织锦"。

图2-3-8 战国戴牛角形冠饰、穿方格花裙玉人像。（采自陈高华等主编：《中国服饰通史》）

至于吴越地区，春秋战国时代仍呈现为"断发文身，裸以为饰"的特点。北方燕国一带，则表现为中原服装与胡服相搀杂的局面。河北省平山县中山国王族墓所出土戴牛角形冠饰、穿方格花裙的玉人像，则为古代鲜卑族妇女装饰。（图2-3-8）

春秋战国时代，如此多彩服饰格局的出现，与各国统治者的倡导和示范作用有关。楚国崇尚高冠与丝履，屈原谓之"冠切云之崔嵬"。魏国男子喜欢在黑衣之外罩上一件白色罩衣。齐国因齐桓公喜欢紫色，举国上下都穿紫色衣服，致使紫色布料价格不非，用当时的话说，即所谓"五素不得一紫"。赵国儒生身穿褒袖长衣，足蹑方履，走起路来两袖翩翩，别具一格，也形成一代时尚。（图2-3-9）

在春秋战国时代的服饰变革风潮中，最值得一提的当为赵武灵王的胡服骑射。这位当政者为了国力的

强盛，独树一帜，利用国家政府职能，实行服饰改革，主张"胡服骑射"，既成为中国服饰史上第一位变革者，也成为中国历史上第一位公开大胆表示向游牧民族学习的开明者。此时所谓的"胡服"，即是北方游牧民族的服装。当时，中原地区所流行的服装一般为宽衣博带式样，与短衣窄袖、长裤革靴、便于活动的胡服存在有很大差异。对于这种差异，《列子·汤问》曾说："北国之人，巾而裘；中国之人，冠冕而裳"。（图 2-3-10）

在推行"胡服骑射"之前，赵武灵王心中确实存有很大顾虑，深怕这种行动要落个变易周制衣冠礼俗之名，将会遭到天下人的谴责。于是，他向先王重臣肥义请教。肥义心中并不同意赵武灵王的"胡服骑射"变革主张，嘴上却说了一句摸棱两可的话："王既定负遗俗之虑，殆无顾天下之议矣。"这席话反而促使赵武灵王下定推行"胡服骑射"的决心。他说："法度制令，各顺

图 2-3-9　战国彩绘木俑。（采自陈高华等主编：《中国服饰通史》）

其宜；衣服器械，各便其用"，认为"治世不必一道，便国不必法古"，"循法之功不足以高世，治古之学不足以制今"。这种与时俱进、不受陈旧礼俗所约束的态度，显示了一个进步政治家所应具有的风采。轻便而实用的胡服，较之宽厚肥笨的传统服装，更适合当时作战方式的转变，不仅赵国因此得以强盛，而且使胡服传入中原，促进了中国古代服饰制度的变革。（图 2-3-11）

赵国所推行的"胡服"的样式，现在已难以描述。但某些考古发现似乎可以填补此中不足。传洛阳金村东周王室墓出土的男性"银胡人"，长衣齐膝，袖小而长，右衽曲裾而绕襟背后，腰束织物，下身穿紧身长裤，赤脚，（图 2-3-12）应是"胡服骑射"变革之后武士的一种反映。在山西长治县分水岭出土的武士铜像，上身着直襟上衣，下身穿长裤，足

图 2-3-10　山西侯马出土战国人形范。（采自周汛等主编：《中国历代服饰》）

登　靴，当为身着胡服的赵国武士形象。

其实，赵武灵王的"胡服骑射"改革，很可能已影响到中原地区的服饰变化。1965年在成都百草潭出土的带有宴乐渔猎攻战纹青铜壶，图案画面用带状纹分割为三层六组。上部层面右面为采桑场景，左面为狩猎场面。中层右面为一楼房，楼上的人们在举杯畅饮，楼下的人们在奏乐歌舞。左面数人在弋射。下部为战争场面，右面为陆地攻坚图，有的在城上坚守，有的用云梯攻城；左面为水战图，有的在水上全力划船，有的在水中拼命游泳，表现了一派激烈的战争场面。1935年在河南汲县山彪镇出土的青铜鉴，图案为水陆攻战场面，战士束腰佩剑，有的在弯弓搭箭，有的在执戟刺杀，有的驾梯，有的划桨，有的奔跑呼喊，有的首级落地，战争的残酷程度被表现得淋漓尽致。在这些描述战争场面的纹饰图案中，在战场上厮杀格

图2-3-11　战国银质胡人俑。（采自陈高华等主编：《中国服饰通史》）

斗的战士皆穿着窄袖短衣，衣不过膝，下着长裤，无疑应当是典型的胡服样式。（图2-3-13）

文字记载上似乎也有一些服饰与赵武灵王"胡服骑射"有关的痕迹。如靴子便是其中之一。宋人高承即说，靴子"本胡服，赵武灵王所作。《实录》曰：胡履也。赵武灵王好胡服，常短　，以黄皮为之，后渐以长　，军戎通服之。"除靴之外，赵武灵王所引用的胡服还应有革带和冠式。范晔谓："武冠，俗谓之大冠，环缨无蕤，以青系为绲，加双鹖尾，竖左右，为鹖冠云……鹖者，勇雉也，其斗对一死乃止，故赵武灵王以表武士。"这表明，赵武灵王所推行的"胡服骑射"并不单单在赵国产生过影响，而且使中原地区的服饰曾发生过一系列的变化。因此，

图2-3-12　洛阳金村出土战国银胡人俑。（采自陈高华等主编：《中国服饰通史》）

将赵武灵王的"胡服骑射"确定为中原与周边地区文化交流的第一乐章当不为过。（图2-3-14）

图2-3-13 上为成都百草潭出土"宴乐渔猎攻战纹"青铜壶下为河南汲县出土青铜鉴的"水陆攻战纹"图案。（采自田秉玉：《中国工艺美术史》）

固然，赵武灵王的"胡服骑射"曾对当时中原地区的服饰文化产生过较为重要的影响，但是，春秋战国时代所盛行的代表性服饰仍然为"深衣"。深衣是一种将上衣与下裳连接为一体的服装。"衣裳相连，被体深邃，故谓之深衣"。（图2-3-15）

相对于西周时代而言，深衣的出现，同样是一种重要的服饰变革。西周之际，中国所流行的服饰，主要为上衣下裳制。这种特点在考古所发现的石刻、玉器、陶俑及青铜器纹饰中皆有所反映。当时的上衣长度大多在膝盖上下，以小袖为多。深衣的出现，改变了两截穿衣的基本形式，将上衣与下衣连为一体，形成了衣裳连属制。其形制为交领，缘边，袖口与下摆肥宽，便于活动，下摆不开衩口，长度在足踝间，以不沾地为宜。深衣因制作简单，穿着方便而大行其道，无论贵族和庶人都可穿用，成为秦汉时代的一种最为重要的服饰而影响深远。因深衣并不是一种礼服，贵族仅是在闲暇时穿用，故《礼记》曰："朝玄端，夕深衣"。（图2-3-16）

在深衣的影响下，春秋战国时期，裘与袍已很流行。裘衣是用毛皮为原料做成的贵重御寒深衣，有狐白裘、羊羔裘、狐青裘、熊鹿裘、犬羊裘等数种。其中，最为昂贵的是狐白裘。狐白裘是用狐狸的腋下白毛皮聘接而成的，需用狐狸自然非常多，因而古代有"千羊之皮，不如一狐之腋"

图2-3-14 战国匈奴单于金冠。（采自陈高华等主编：《中国服饰通史》）

和"士不衣狐白"的说法。据说，战国时，孟尝君曾有一狐白裘，天下无双，极为珍贵。他西入秦时，虽然将这件狐白裘献给了秦昭王，但还是被秦昭王囚禁了起来。为摆脱困境，他暗中派人向秦昭王的幸姬求情。但秦昭王的幸姬说："愿得君狐白裘"。这无疑给孟尝君出了个难题。幸亏，孟尝君手下有一位门客是"狗盗"之徒。他潜入宫中将献给秦昭王的那件狐白裘偷了出来，转献给了幸姬，孟尝君因而被放归。

与裘衣相配套的服饰为裼衣。古代裘衣，兽毛朝外，为追求通体一色的效果，需在裘衣外面加一层罩衣。这层罩衣，称为"裼衣"。无比昂贵的狐白裘要以锦衣为裼衣，即所谓"君衣狐白裘，锦衣以裼之"。裼衣如同后世的披风，并不把裘衣包住，而是单独成衣，没有袖子，仅是栓在脖子上任其飘拂，以增加裘衣的美色。

图 2-3-15 战国着深衣的彩绘木俑，（采自陈高华等主编《中国服饰通史》）

袍有单绵之分。没有絮绵的袍服称为"禅衣"，絮了丝绵的袍服为御寒深衣。在袍服之中，似乎古人对于衣领、衣襟和衣袖最为重视。当时袍服的衣领，有交领和直领两种。交领多见，是衣领连接左右衣襟，在胸前相交者；直领为从颈的两边绕到胸前，平行垂直向下的衣领。衣襟被称为"衽"，古代有左衽与右衽之别。向左掩的为左衽，多为少数民族衣饰习惯，向右掩的为右衽，是汉族服饰习惯。袖子有既窄袖与宽袖之分，也有长袖与短袖之别。长袖、宽袖为贵族和有闲者所穿用，短袖和窄袖为劳动者和军人所惯用。长袖者大都为臂长的一倍半，有的甚至更长。宽袖是中原服装宽衣博带特征的一种重要标志，更为士人所提倡，因而班固说："城中好大袖，四方全匹帛。"

从战国时代一则小故事中可以领悟袍服宽大袖子的特点。据说，战国时代广交天下豪杰的信陵君，在秦军围困赵国都城邯郸之际，听从门客侯生的

图 2-3-16 春秋战国时期的深衣（采自《中华服饰文化》）

建议，利用魏王宠妃如姬，窃取用于调遣军队的虎符，带上侯生的知心朋友、大力士、屠户朱亥，前往邺城，妄图从魏国元勋、宿将晋鄙手中夺取领兵权。不过，早已得到魏王诏令，不得发兵救援赵国的大将晋鄙虽然见到虎符，但心中仍然怀疑信陵君意在矫旨窃取兵权。晋鄙拒绝交出兵权，对信陵君

图2-3-17　湖北江陵楚国马山1号墓出土战国中期宽袖黄绢面绵袍（采自《中国美术全集·印染织绣》）

说："我已受王命，统领魏国精锐于此，旨在防御秦军进犯，你却要换将进兵。如此军国大事，公子仅携虎符单车前来，并没有魏王的命书节仗相从，是不能说得过去的？"无奈之下，信陵君只得按侯生所嘱咐的计策行事，命朱亥杀死晋鄙。朱亥见颜色行事，从衣袖中抽出柄40多斤重的铁椎，当即将晋鄙击杀。信陵君夺取晋鄙的军队指挥权，出其不意，一举打垮围困赵国都城的秦军，避免了唇亡齿寒悲剧的发生。（图2-3-17）

朱亥的一只衣袖中竟然能藏下一个重达40余斤的铁椎，而且还没有被人发觉，衣袖之大可想而知。大概正是因为如此，在古代文献中，几乎没有见到有关从口袋中取物的记载，原因即在于古人大都将携带的物品藏在袖子之中，因而形成了一个用来形容小型物品为"袖珍"的词语。

用于御寒的袍服，所絮丝绵则有新旧之分。絮新丝绵者为绨袍，絮旧丝绵者为　袍。　袍低劣，因此孔子才说："衣蔽　袍与衣狐貉者立而不耻者，其由也与？"（图2-3-18）

絮新丝绵的绨袍不仅象征高贵，而且还带有友情的含义。战国时，范雎遭魏大夫须贾陷害，被迫逃亡到秦国，并做了宰相。后来，须贾出使秦国，身为宰相的范雎仍然把自己打扮成原来穷困潦倒的样子前去拜访须贾。须贾见范雎贫寒至极，于是送他一件绨袍以御严寒。后来，当得知范雎已为秦国宰相，须贾"乃肉袒膝行，因门下人谢罪"。大度的范雎历数须

图2-3-18　河北易县出土穿交领袍衣、腰束革带青铜人像。（采自《中国美术大全·雕塑》）

贾种种罪恶之后，说："然公之所以得无死者，以绨袍恋恋，有故人之意，故释公。" 唐代诗人高适还以此典故写诗曰："尚有绨袍赠，以怜范叔寒。不知天下事，犹作布衣看"。（图2-3-19）

更值得注意的是，中原服饰对于周边少数民族服饰的影响。中山国为东周时期北方的一个重要诸侯国，由姬姓白狄别种所建，原国名为鲜虞，春秋末年才改名中山，公元前296年为赵国所灭。

图2-3-19 战国龙凤纹饰锦袍。（采自陈高华等主编：《中国服饰通史》）

在中山国都城灵寿城（今河北平山县）所发掘的考古资料证明，春秋末期，中山国的青铜器和墓葬等还保留着北方民族的浓厚特色，战国前期，中山国即开始接受中原文化，到战国中期，中山国的墓葬所带有的北方民族特色已很淡薄，胡服骑射特点在墓葬中已难以见到，不仅服饰已深度中原化，而且军事上也开始以车战为主，而不是骑射，青铜器的铭文也多引自《诗经》和《左传》。（图2-3-20）

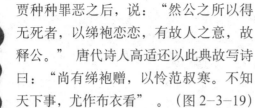

春秋战国期间，中国服饰所出现的五彩缤纷的特点不仅再一次说明，在民族大融合中，一些地区的服饰已开始丧失了本民族的文化特征，在民族文化的大融合中逐渐被中原文化所同化，而且再一次证明，服饰文化得以发展的一个重要动力，在于不同民族服饰文化的相互影响。

图2-3-20 河北平山县中山国王族墓出土穿右衽广袖绣袍铜人灯。（采自《中国美术全集·雕塑》）

服饰的考究与个性化倾向的浓重

第三章

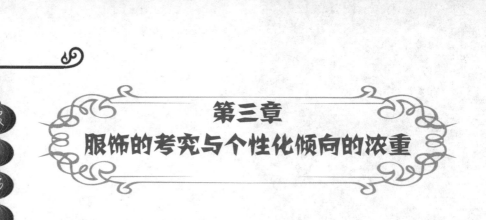

第三章
服饰的考究与个性化倾向的浓重

秦汉时代，是中国历史上首次出现大一统的时代。与强大帝国相适应的，便是在战国时代服饰文化中所呈现出来的明显地区性差异得到遏止的基础上，逐渐形成了一系列新的服饰制度。而且，由于统一帝国促使民族融合趋势的出现，以及在生产力发展基础之上所导致的社会整体着装水平的提高，文化的发展而带来的审美观念的变异，促使服饰文化中的个性化倾向逐渐得到强化并凸现出来，形成了一种较强的社会风潮而影响到服饰文化的发展，从而使中国服饰在秦汉期间呈现出一种从来没有过的既绚丽多姿、五彩缤纷又富有时代风采的特点。

1. 森严而实用的服饰乐章

秦始皇振长鞭而统宇内，成为中国历史上第一个统一全国的皇帝。这样一位铁血人物，在统一全国之后，便"兼收六国车旗服御"，除选出特别款式以供皇帝御用外，其余则分赐百官。之所以如此，其意当在于秦始皇将自己比作驾御全国的周天子，而其手下的百官则是受周天子所控制的公侯。仅此一点，便可看出，秦始皇确是一个强权人物，一位敢于傲视一切、大胆向传统挑战的君主。就是在这样一位君主的率领下，秦代服饰文化呈现出一派既峻厉森严又简洁实用的特点。

一代雄主秦始皇，对于中华民族所做出的最大功绩，便是采取一系列与统一有关的措施，建立起一大堆为后世所效法的制度，从而使短命的秦王朝成为一个制度文化奠基与建设的时代。

且不说被历史学家所褒奖的郡县制度，也不说文学家所讴歌的统一度量衡与货币等，仅是秦始皇所建立的服饰制度，便开创了中国封建时代服饰制度的先河。

秦始皇所开创的服饰制度，当然是围绕树立自己的绝对权威而展开的。秦始皇统一六国之后，认为自己功高三皇，业过五帝，于是，取三皇之"皇"

字，五帝之"帝"字，自称为"始皇帝"。这绝不是一个简单的称谓的变更，而是意味一个新的时代的开始，一种新的统治制度的建立。不过，秦始皇的服装则完全按照周礼所载王者之衮服大冕样式予以制作。同时，他还制定了各级官吏与百姓的服制，凡官至三品及以上者，皆绿袍深衣。凡平民百姓，一律不得衣纹绣。凡商人，不得衣丝绸缎帛。这些制度的确立，对于短命的秦王朝来说，并没有产生什么显著的影响，但对于汉代乃至以后的社会生活、政治生活和服饰文化都曾产生过不可估量的影响。

就现在所能见到的文献资料及出土文物而言，秦朝所创立的服饰制度，主要表现在服色制度上。自西周以来，阴阳五行学说即发展成为一种带有哲学色彩的理论而影响到中国文化的方方面面。秦始皇是一个非常迷信阴阳之说的统治者。他根据西周时代即已兴起的五行学说，认为黄帝以土气胜，崇尚的是黄色；夏朝为木德，崇尚的是青色；殷朝为金德，崇尚的是白色；周朝为火德，崇尚的是赤色；秦以水德而统一全国，色应尚黑。因此，秦代的服色制度被深深地打上了阴阳五行学说的烙印，并进而延伸出鲜明的

图 3-1-1　秦始皇画像。（采自《中国大图集》）

等级观念。古文献谓，以黑色为尚的秦王朝，皇帝的常服为"玄衣绛裳"，即使"郊祭之服，皆以袀玄"。（图 3-1-1）

秦始皇的威严，自然使秦代服饰文化打上了深深的峻厉特点。秦代法律非常严苛，据说已达到"摇手触禁"的地步。因此，秦代的服饰制度应得到较为认真的贯彻。

有关秦王朝服饰的实物资料，目前所见，主要集中发现于秦始皇陵兵马俑所反映的服饰状态。秦始皇陵兵马俑坑所出土的兵马俑，以秦朝军人为模特塑造，形象逼真，服装、鞋帽和发式等刻画细致，为研究秦代武士服饰提供了具体的形象资料。

从秦始皇陵兵马俑着装看，秦时军人，装束以袍服为主。在秦始皇陵所发现的兵马俑，所穿上衣为铠甲和战袍，下体服装有厚实的长绔、胫衣

或行縢。而且，秦国军服类型还因军官级别或兵种差异而有所不同。将领军服不仅制作精美，而且冠巾格外明显，以显示其身份显赫。（图3-1-2）各兵种军服的差异，主要从适宜于作战需要考虑出发。如骑兵俑着小襟短袍以便于乘马，步兵俑着衣、行縢以便于行走，战车俑穿复袍，所披铠甲也格外精致，以便于防御流矢。（图3-1-3、4）

图3-1-2　秦始皇陵兵马俑1号坑出土将军俑。（采自《秦始皇陵兵马俑》）

图3-1-3　秦始皇陵步兵俑1号坑出土步兵俑。（采自：《秦始皇陵兵马俑》）

图3-1-4　秦始皇陵兵马俑2号坑出土的战车俑。（采自：《秦始皇陵兵马俑》）

即使在发式上，尽管秦始皇陵兵马俑的发式带有统一的色彩，但统一之下自呈现为不同的梳理线型、须髭修饰和发髻缠束等。如重装步兵，有的在头顶右侧绾圆形髻，有的在脑后梳板状扁形发髻。所出土的跪坐俑，同样具有梳理整齐的发式。（图3-1-5）单从这些兵马俑具有统一规定发式这一点上，也能够说明秦朝军队是一支号令严整、训练有素的军队，是一支能够在残酷的战争中避免因为头发的纷乱而影响战斗能力的军队。

图3-1-5　秦始皇陵1号兵马俑坑出土的重装步兵俑装束与发式。（采自《秦始皇陵兵马俑》）

秦朝军队服装以便于实战为依据，从而形成了简洁轻便的特点。据文献记载，战国七雄之中，燕国的铁甲制作是最为精良的，曾出现过各国纷纷仿效的现象。但是，从秦始皇陵所出土的兵马俑看，秦国的甲多用皮革，而不是铁甲。以皮革制甲，不仅制作容易，而且重量较轻，既能取得防御箭矢的作用，又能收到减少军人体力消耗的效果，显然更符合实际战争需要。因此，秦始皇陵所出土的兵马俑，披甲一律为皮革所制。甚至，在骑兵服装上，为强化灵活自如，提高马上击杀的能力，骑兵连护肩也被取消。为防止手臂及身体上部受伤，重装战车御手俑的手、胳臂及上身全部以革所包裹。（图3-1-6）秦国军队如此注重服饰的简洁与实用，其带甲百万之军所向披靡，横扫六国，其中奥妙便可想而知了。

不过，应该说明的是，秦始皇陵所出土的兵马俑，其性质仅仅是模拟皇帝送葬队伍的军阵俑群，属于仪仗性军队装束。至于秦始皇时代其他军队的装束，则可能是另一种情况。在湖北省云梦县城关西郊睡虎地所出土的简牍材料中，除极为珍贵的云梦秦简之外，还出土有2片木牍。这2片木牍，是迄今为止所发现的最早的两封家信，内容为两名叫"黑夫"和"惊"的士卒给家中写信，告诉家人他们从军后住在

图3-1-6　秦始皇陵2号俑坑出土的重装战车御手俑的手臂甲及护身甲。（采自《秦始皇陵兵马俑》）

一起，安然无恙，请母亲放心，只是由于他们冬天离家，现在已是春天，急需夏衣，如果安陵（即今湖北云梦）一带丝布价格便宜，就买2丈5尺丝布，作成夏衣后托人捎来；如果安陵丝布价格太贵，就托人带五六百钱来在当地买丝布，并希望母亲无论如何也不能给钱太少；还说他们驻守在淮阳，日夜担惊受怕，已攻打"反城"多日，将来是伤是死还很难料定，望母亲多多祈祷老天，保佑他们平安无事。这两封写于秦始皇二十四年（前223年）的家信，能够说明秦国一部分军队士兵的服装是由个人负担的。因此，秦始皇陵所出土兵马俑的装束，很大可能是秦国军队中带有仪仗队性质的装束。

固然，由于秦代的短命，至今考古发现秦之服饰实物并不多，但某些考古发现似乎也能够说明秦代服饰开始趋向简洁实用的特点。在一些秦代的大型陵墓中，曾出土有踞坐女俑。这些踞坐女俑，装束简单，所穿大都为角领袍服，与所出土的东汉同类女俑服饰绚丽别致的特点形成鲜明的对照，说明秦代所盛行的服饰简洁、实用之风，不仅在其军队中存在，即使在服侍社会上层的仆人群中也较为流行。（图3-1-7）

图3-1-7　秦代踞坐女俑。（采自《陕西省博物馆》）

从某些记载中，似乎还能见到秦代服装制作技术曾有过较大的进步。《二仪实录》说，为庆祝统一六国的胜利，秦始皇曾制五彩夹缬罗裙以赐朝中

百官妻母。"缬"，是在织物上染色印花的一种面料。所谓"五彩夹缬"，即是用多种染色印花的织物。在《周礼·考工记》中，曾谈到"缬"，但仍谓"黑白相间也。"可见，秦汉乃至先秦时代，五彩夹缬当是一种较为罕见的华丽织物。虽然，秦代的五彩夹缬实物至今并未发现，但1979年在江西贵溪武夷山岩墓悬棺中曾发现过战国时期的印花木版和木版印花的苎麻布，说明夹缬是在两块雕版刻上花纹，之后，将织物夹在雕版间进行染色。直至隋代，隋炀帝为赏赐宫人及百官妻母，还曾下令制作五彩夹缬罗裙。甚至，在唐代夹缬工艺已"遍天下，乃为至贱所服"的情况下，"玄宗时，柳婕好有才学，上甚重之。婕好妹适赵氏，性巧慧，因使工镂版，为杂花之像而为夹缬。因婕好生日嫌皇后一匹，上见而赏之，敕宫中依样制之。当时甚秘，后渐出，遍于天下"。由此可见，秦始皇赐给百官妻母的五彩夹缬罗裙，应是当时制作工艺最为先进、色彩最为绚丽的服饰。

而且，就秦始皇陵所出土兵马俑的服饰色彩看，秦代对于服饰的色彩

图 3-1-8　秦始皇陵兵马俑坑出土骑
兵俑着装。（采自《秦始皇陵兵马俑》）

是非常注重的，也说明秦代服装的染织技术水平较高。可能，由于秦始皇陵所出土的兵马俑属于送葬军阵的仪仗俑性质，因而对于服饰的色彩更加强调，以期用色彩鲜艳的效果来装扮和粉饰秦始皇的威严。在兵马俑的衣甲上，褐色甲皆配以朱红络组和甲扣，下露朱红、玫红、粉红、紫红或石绿、宝蓝等颜色的战袍的袍面、袍里与行膝等。软领则有石绿、紫红、朱红、粉红、玫红、粉白等颜色。而且，衣领的颜色多与袖口的彩色相对应。在袖口上，以相对应的丝缘镶边，

被称之为"偏诸缘"。（图3-1-8）

还应该注意的是，由于秦王朝的短命，不可能把春秋战国以来各诸侯之间的服饰差异予以彻底泯灭。整个秦汉期间，如同大一统王朝的出现一样，在服饰文化上也表现出一种融合的大趋势还是非常明显的。战国时代，诸国的服装带有明显各自特征。因此，《吕氏春秋》的作者在谈到诸子百家时，用齐国与楚国服装所带有的截然不同特点来形容儒家与墨家观点的针锋相对。楚国服装的特点为男子着"短衣"，女子束细腰。西汉王朝的

建立者刘邦起家于沛县，是在一帮家乡子弟的拥戴
之下而由一个草莽英雄成为帝王的。因此，他对楚
国"短衣"是很有感情的。当曾为秦王朝博士、后
来又为项王幕僚的叔孙通投降刘邦时，刘邦对于穿
着衣袖宽大儒服的叔孙通从心底里憎恨，不时地找
他的麻烦。为迎合刘邦所好，叔孙通"乃变其服，
服短衣，楚制，汉王喜"。这表明，西汉服制特
点在很大程度上要受到楚国服装风尚的影响。（图
3-1-9）

图 3-1-9　战国青铜
俑，湖北曾侯乙墓出土。
（采自陈高华主编：《中
国服饰通史》）

2．伟岸与明快的汉代服饰之歌

　　西汉是刘邦借助沛中子弟的力量，唱着大风歌
而建立起来的。这位来自民间的西汉政权的创立者，必然将他身上所带有
的乡土气息宣泄于庙堂之上，朝野之间。因此，西汉初年的服饰，一方面
要受到秦王朝服饰制度的影响，另一方面还要受到楚国服饰风尚的影响。

　　西汉初年，风靡一时的刘氏冠，当是秦汉之际服饰变化的一种代表，
也是刘邦钟情于楚地服装的一种反映。所谓刘氏冠
不过是刘邦在沛为亭长时所戴以竹皮做成的一种冠
而已。刘邦"时时冠之，及贵常冠"。在跟随刘邦
在楚汉之争中不断走向胜利的沛中子弟间，戴刘氏
冠也逐渐成为一种时尚。刘邦登上皇位后，无论官
吏还是百姓，都以戴刘氏冠为荣耀。官民同戴一种
冠，这在以冠为主要身份区别标志的汉代来说，自
然是对来自庙堂之上服饰制度的一种嘲弄。为此，
高祖八年（前199年），刘邦下诏："爵非公乘以
上毋得冠刘氏冠"。公乘是秦汉时民爵与吏爵的
分水岭，此诏一下，刘氏冠便成为官吏身份的象征。

图 3-2-1　汉高祖刘
邦像

不过，可能由于这种刘氏冠的简陋等原因，到东汉时，人们已经弄不清楚
刘氏冠的形制如何了。因此，《汉书·高帝纪上》应劭注谓：刘氏冠"以
竹始生皮作冠，今鹊尾冠是也。"然而《续汉书·舆服志》则云：刘氏冠，"民
谓之鹊尾冠，非也。"由此可见，曾盛极一时的刘氏冠，确是一种附庸权

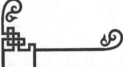

贵而兴起的服饰时尚，是一种来也匆匆、去也忽忽的服饰时尚。（图 3-2-1）

刘邦虽是一个由下级官吏而登大位的皇帝，但青少年时代的刘邦，实际上是一个彻头彻尾的乡间无赖，一个见了儒生就恶心、听说为侠客就五体投地的市井小痞子。这样一个由草莽英雄而成为帝王的人物，尽管对于衣着打扮也曾刻意追求，但总有一些如同出身豪门子弟那样时刻注意衣着之处。可以说，刘氏冠被涂抹上皇帝的气味是刘邦衣着嗜好的一种体现。而倒穿鞋子，也是他汉高祖衣着随意秉性的一种反映。

据说，有个叫郦食其的儒生很有才学，但因家境败落一直不得志，因终日放荡不羁而被人称之为"狂生"。郦食其听说刘邦在沛县起事反秦，是个了不起的英雄，但又知道他最讨厌儒生，如果戴儒生头巾的人前去求见，非扯下儒生头巾扔进茅厕之中不可。郦食其来到刘邦营门前，侍卫通报说有个儒生前来求见，刘邦一听说有儒生求见，根本未予理睬。郦食其勃然大怒，手握剑柄，冲着侍卫高声喊道："我是高阳酒徒郦食其，不是儒生，如果今日沛公不接见我，我就闯进大营！"大帐中正在洗脚的刘邦听到郦食其的喊声，感到自己又遇到一位侠客，于是，连忙从盆子中把脚抽了出来，顾不上把鞋子顺过来，倒穿着鞋子，跑出大帐来迎接郦食其。刘邦的这一举动深深地感动了郦食其，从此，他一心一意为刘邦效劳，为西汉王朝建立立下了汗马功劳。

刘邦所带有的厌恶中原服饰的秉性，无疑为西汉前期服饰制度较为混

图 3-2-2　山东嘉祥洪山出土戴冠、穿袍服的官吏画像石拓片。（采自周汛等：《中国历代服饰》）

乱提供了依据。仅就服色而言，即没有形成较为固定的规定，赤色和黄色都曾被朝廷确定为尊崇服色。到西汉中期，才确定了黄色的崇高地位。东汉时，刘秀"始正火德，色尚赤"。到东汉永平二年（59 年），官服制才最终完备。在孝明帝君临天下时，诏有司博采《周礼》、《礼记》、《尚书》等史籍，制定祭祀和朝服制度。其中，所涉及的冠服即有多种。官员所戴之冠，冠下必衬帻，且按官阶不同而不同。文官所戴进贤冠要衬介帻，武官所戴武弁大冠要衬平巾帻。至于"卑贱执事"，则只能戴帻而不戴冠。

在服色上，则曾依据阴阳五行学说，规定官僚服色必须与一年的季节变换相适应。因此，按照规定，明帝朝的命官一年中需更换五种颜色的官服。如此令人啼笑皆非的服色制度，大概使东汉官员一个个皆成为真正的"变色龙"。（图3-2-2）

不过，终东汉之世，服饰制度中也有一些特点并没有发生变化。其中之一，便是自秦代以来即流行的"散民不敢服杂彩"风俗。因此，在秦汉时代，白色和黑色一直是农民乃至商人服装的主要颜色。在洛阳出土的西汉彩绘陶奁上，青年男女皆着白衣，老年男女皆着黑衣，便是一种物证。在文献资料中，既有吕蒙攻打荆州时，把精兵埋伏在船仓之中，让划船摇橹的人皆穿白衣伪装为商人形象的记载，也有汉成帝时微服私访，为不引起民众的注意，穿着"白衣"的记载。因此，"白衣"和"黔首"成为秦汉时百姓统称。

而且，总体而言，汉代服装流行"深衣制"，与秦代也没有发生多大的变化。深衣制的特点是蝉冠、朱衣、方心、田领、玉佩、朱履，所服总称为"禅衣"。禅衣为单层外衣，基本式样有曲裾和直裾两大类。直裾禅衣开襟从领向下垂直，又称"单于"。其特点既长且宽，为男子常用服装。曲裾禅衣开襟从领曲斜至腋下，衣襟紧裹腰身，并以一根带子系扎于腰间，为汉时代女子的服装。（图3-2-3）显然，汉代女子所穿深衣，衣襟绕转层数较之战国已经增多，深衣下摆也有增大趋势。

图3-2-3 西汉穿深衣女俑。（采自陈高华主编：《中国服饰通史》）

汉代所流行的袍服是秦汉期间服饰趋向简洁化、实用化的一种反映。袍是继深衣之后出现的又一种上衣与下裳连为一体的长衣，产生于周代。不过，在袍服问世之初，多被用作内衣，穿时要是在外面加上罩衣，即所谓"袍必有表"。在秦代，袍服即开始作为一种外衣。秦始皇在位时曾规定，官至三品以上者，服绿袍、深衣，多以丝绣面料制作；庶人为白袍，多以麻布制作。

与秦代相比，汉代服饰日益趋向富丽堂皇，显得更加丰富多彩。因此，汉代袍服较之秦代更为讲究。终汉之世，男子一直以袍为礼服，并于领口、袖口等处绣夔纹或方格纹等纹样。这种袍服为斜领，衣襟开得较低，领口

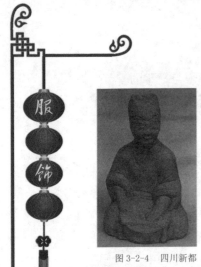

图 3-2-4 四川新都县马家山东汉崖墓出土穿袍服男陶俑（采自黄能馥等主编《中华服饰艺术源流》）

能露出内衣衣领，下摆处有花饰，或打一排密裥，或剪成弯曲月牙形状。（图 3-2-4）根据下摆形状，袍服可以分为直裾和曲裾两类。汉代袍服，制作日趋精美和考究，往往在袍服上施以重彩，绣出各种花样。因此，即使在婚嫁等隆重场合，也有以袍服作为婚礼服的。范晔即云："公主、贵人、妃以上，嫁娶得服锦绮罗縠缯，采十二色，重缘袍。"

汉代妇女服饰显得更为丰富多彩。妇女日常所穿礼服虽也为袍服，但在领口、边饰及式样等方面，呈现出多变特点。还有一些女性服装，为上衣下裙制。上衣叫"襦"，有长短之分。长襦下垂至膝盖，短襦则仅至腰部。古诗《陌上桑》中云："湘绮为下裙，紫绮为上襦。"这里的"上襦"即是短襦，为淡紫色绫子做成的短袄。

从《孔雀东南飞》中，更能够清晰地看到汉代服饰总体水平较高的特点。《孔雀东南飞》所描叙的是刘兰芝与焦仲卿的爱情故事。故事的主人公刘兰芝是一个贤惠、善良、勤劳、美丽、心灵、手巧的女子。她 13 岁能织精美的白绢，14 岁会裁剪衣裳，15 岁通晓音乐，16 岁颂读诗书，到 17 岁，嫁给小吏焦仲卿。出嫁时，娘家陪送的嫁妆即有六七十箱之多。刘兰芝以被称为"纯衣"的玄色丝衣为嫁衣，满心欢喜地进入婆家门。婚后，小两口恩恩爱爱。但是，婆婆却嫌儿媳这也不是，那也不是，最后非逼迫儿子休了刘兰芝不可。离别之夜，刘兰芝与焦仲卿泪水涟涟，难舍难分。黎明之前，鸡叫了，无奈的刘兰芝只得梳洗打扮一番，"着我绣夹裙，事事四五通。足下蹑丝履，头上玳瑁光。腰若纨流苏，耳着明月 "。之后，她来到堂前拜别婆婆，又与小姑告别，只带着自己的嫁衣便离开了婆家。这说明，汉代女子的装束是相当讲究的。（图 3-2-5）

图 3-2-5 东汉簪花、持镜女俑。（采自陈高华等主编：《中国服饰通史》）

汉代服饰另一个最大特点，便是带有明显的阶层和职业性特征。秦汉时代，是中国封建制度确立的时代，重农抑商思想的盛行使社会上"士农

"工商"的分野非常清晰，因而各个行业的服饰也不尽相同。

文人的装束基本上还保留了战国时代儒生们衣袖宽大的特征，这一特点直至汉代末年并没有发生多大变化。西汉文帝时，曾召开了一次著名的盐铁会议，参加会议的儒生们个个"褒衣博带"。汉代画像石中的文人形象，也无一不是头戴高冠，身穿宽袖长袍，腰间束带，表现出一副举止文雅的样子。（图3-2-6）

图3-2-6　西汉彩绘文官木俑（采自陈高华等《中国服饰通史》）

只是，文人所穿"褒衣博带"服饰大都用于讲学、谒见、宴饮等正式场合，在平日家居生活中，或困于其他一些原因，着装还是较为随意的。东汉时，公沙穆到太学去，因穷困无以资粮，不得不改变自己的服装，穿上奴客的衣服，为吴佑做舂米等家务活。这是因穷困而不得不"变服"者。东汉末年，名士管宁日常着装便是"著皂帽、布襦绔、布裙，随时单复"。这是富有者为图舒适而随时"变服"者。

当然，文人处于穷困潦倒之时，并没有像孔乙己那样，即使再贫困也穿着那身破烂的袍子，以示自己是个读书人，而是随自己家境的不同装束有所改变。西汉之时，在文坛享受盛誉的才子司马相如便是这样一位代表。据说，司马相如以一曲《凤求凰》而与新寡之妇卓文君成为知音而私奔。卓文君的父亲卓王孙闻听此事后勃然大怒，说："女至不材，我不忍杀，不分一钱也。"私奔之后的司马相如与卓文君，生活陷入困境。为吃饭计，一对恩爱的人儿只得当垆卖酒，做起了小本生意。这时，司马相如也顾不上文人应有的风度。他解下褒衣博带，穿上"犊鼻　，与保庸杂作"。这种犊鼻裤因形如牛鼻而得名，与当今短裤形制差不多，是当时只有劳动者才穿的一种裤子。后来，卓王孙在他人好言相劝下承认了司马相如同女儿的婚姻。但他总感到司马相如身着犊鼻　令自己脸上无光，于是，以奴仆百人、钱百万作为卓文君的嫁妆。从此，司马相如与卓文君才摆脱了困境，过上了一个文人应有的生活。

汉代，农民服装形制简单，色调单一，与秦代并没有多大变化。在汉代文献中，凡谈到农民服装，出现频率最高的两个词便是"短褐"与"褐衣"。贾谊曾谓："寒者利短褐"；青州刺史王望也曾为饥民"作褐衣"。在四川峨眉市东汉墓所出土的男陶俑中，即有戴平顶帻，身穿短衣，脚蹬草履者。在山西平陆出土的扶犁农夫俑，则是穿短衣、犊鼻裤和赤足的

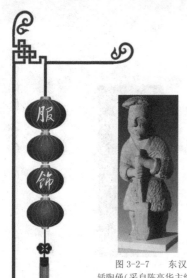

图 3-2-7　东汉执锸陶俑（采自陈高华主编《中国服饰通史》）

形象。这说明，短衣是农民的代表性服装。（图3-2-7）

两汉时代，服饰变化最大者，当为从事百戏演出的艺人。在这方面，男性艺人的装束变化还不太大，但绝不似汉代文人所穿服装那样带有"褒衣博带"的特征，已具有明显紧身、多样的特点，说明服饰的变化倾向在艺人身上已经出现。四川出土的男击鼓俑，造型生动，风趣可爱，是不可多得的一件珍贵文物。在这些男击鼓俑中，有的服装甚至裸露上身，显然是适应演出的需要，为增加艺术感染力而如此着装的。（图3-2-8、9）

从出土文物看，女艺人服饰变化最为显著。其典型特征为长衣束腰，当是"长袖交横，络绎飞散"诗句的真实写照。在河南等地所出土的画像砖中，有的女伎的舞衣长度甚至超过女伎的身高。因此，司马迁才用近似俗语的话说："长袖善舞，多钱善贾。"（图3-2-10）在广东汉墓中，还出土有袒露双乳的女舞俑。无独有偶，在山东汉画像石中，也绘有赤裸上身正在舞蹈的女伎形象。此类裸体现象，即使以现代眼光来看也有

图3-2-8（左）　四川天回山东汉墓出土男击鼓俑（采自黄能馥等主编：《中华服饰艺术源流》）

图3-2-9（右）　四川宋家林东汉墓出土男击鼓俑（采自黄能馥等主编：《中华服饰艺术源流》）

图 3-2-10　东汉穿长袖袍舞女俑（采自陈高华等主编《中国服饰通史》）

点出格。这说明，自汉代开始，艺人着装行为便存在不受服饰制度所约束的现象。

不过，从总的趋势看，秦汉时代，由于经济的发展和服饰制作水平的提高，社会整体服饰水平已呈现出提高的趋势。这种趋势在汉文帝君临天下时那些经济较为发达的地区已经出现。为此，贾谊即已觉察到："今富人大贾嘉会召客者以被墙……今庶人屋壁得为帝服，倡优下贱得为后饰。"汉武帝时，皇室成员

"争于奢侈，室庐舆服僭于上，无限度"，必然促使服饰风气日趋浮华。此类现象的泛滥，使汉代服饰制度受到猛烈冲击，促使以服装为标志的社会等级差别逐渐变得模糊起来。

摆脱服饰制度的束缚，一切以舒适、豪华为准则审美观的形成，促使服饰风气在某些方面迅速发生变化。两汉之际，

图 3-2-11　成都出土戴进贤冠、穿袍服文吏画像石。（采自周汛等：《中国历代服饰》）

名士鲍永听说更始政权败亡，于是慌忙易装，着幅巾前去投降。在西汉时，幅巾还仅是普通人所戴头饰，上层人士着幅巾被认为是有失身份的行为，因而文人皆以戴进贤冠为标志。（图 3-2-11）鲍永头戴幅巾而降，无疑是一种时尚即将出现的前奏。到汉末之时，幅巾已在社会上层中流行。名士符融、郑玄、孔融等，无不以幅巾为饰。

显然在当时所存在的贵族成员"务在奢严志，好美饰，帛必薄细，衣必轻暖。或一朝之宴，再三易衣。私居移坐，不因故服"的风气之中，终也有一些"志在矫俗"的官吏表现出一点以节俭为尚的正气。曾先后担任过庐江和南阳太守的羊续平日中即穿朴素衣服，吃粗茶淡饭，甚至下裳以不过膝为美。朱穆为官作宦数十年，以布衣为美，以粗食为尚，到头来还是家无余财。显然，这是为官清廉的一类官员的代表。

但是，也有那么一些官员，当看到以简朴为尚的官吏声誉隆起，仕途畅达之时，便不惜冒沽名钓誉之恶名，模仿简朴之行，以售虚伪人品之奸，求飞黄腾达之实，导致东汉期间高级官吏中形成了一种着布衣之风的虚伪道德观的泛滥。为此，班固曾上书皇帝抨击说："官吏二千石，布襦羊裘……虚饰，欲以求名于誉。"

在社会上层"争于奢侈，室庐舆服僭于上，无限度"的风气中，到东汉后期即呈现出服饰个性化的特点。桓帝元嘉年间（151～152），权贵梁冀的妻子孙寿标新立异，追求各种新奇装束和扮饰，"作愁眉啼妆，坠马髻，折腰步，龋齿笑"，导致"京师翕然皆仿效之"。甚至，连梁冀也步其妻子后尘，变换自己的衣服，作"埤帻、狭冠、折上巾、拥身扇、狐尾单衣"。数年之后，京师又出现了将冠帻改为"颜短耳长"的式样，

图 3-2-12 汉代穿袍服的歌舞场面。（采自
周汛等：《中国历代服饰》）

那些年纪较大的人"皆着木屐。妇人始，至作漆画屐，五彩为系"。这种风气的出现，不仅意味人们的价值观和审美观发生了新的转移，而且标志着秦汉以来所建立起的服饰制度已经面临崩溃的边缘。（图3-2-12）

第四章

个性解放与胡汉服饰交融的乐章

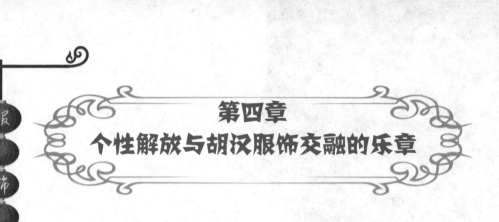

第四章
个性解放与胡汉服饰交融的乐章

魏晋之世是"中国政治上最混乱、社会上最苦痛的时代，然而却是精神史上极自由、极解放，最富于智慧、最浓于热情的一个时代"。与这种政局动荡、朝代更迭、民族融合、思想解放时代特征相适应的，便是服饰文化中涌现出从来未有过的宽松化、个性化与民族间相互融合趋势强化的特征，从而使这一时期成为中国服饰文化的发展呈现出一种崭新的时代风貌而标榜于史册。

1. 服饰个性化波澜的涌动

魏晋期间，适应世家大族的兴起，使服饰文化充满了一种追求奢华的靡烂气息。而玄学的兴起与玄风的流行，则使这一时期呈现为一个思想解放的时代。社会秩序的大解体，旧礼教的总崩溃，精神上的解放，以及人格本体上的大觉醒、思想意识上的大自由，使魏晋期间的社会生活充盈反对禁锢束缚、追求自由旷达的气息。反映在服饰文化上，便是服饰制度的淡化和个性化倾向的浓厚。魏晋期间，玄风的流行促使名利观念的淡化，反对束缚、追求自由思潮的泛滥，迫使商周以来"服以旌礼"的风气有所收敛，服饰成为某些士人宣泄内心崇尚飘逸洒脱、追求虚无淡薄、藐视礼法、放浪形骸、任情不羁的媒介。而民族大融合局面的出现，则使服饰的汉化与胡化两种倾向并存，充分显示出不同民族文化的融合性和中国文化所具有的多元性特征。

魏晋期间，世家大族服饰文化所带有的奢华靡烂气息，是逐渐兴起的。进入魏晋之后，由于战乱而导致的社会经济凋敝，致使汉代以来所出现的崇尚服饰奢华的趋势得到遏止，着装开始呈现出较为节俭的局面。三国时代，曹魏即是一个提倡节俭的封建割据政权。据说，在生活上，曹操十分注重节俭，"不好华丽，后宫衣不锦绣，侍御履不二采，帷帐屏风，坏则补纳，茵褥取暖，无存缘饰"。曹操的妻子卞皇后，"性俭约，不尚华丽，无文采珠玉，器皆黑漆"。曹操手下重臣，也以简朴为荣。毛"居显位，布衣蔬食"。崔琰"以盅清干事，其选用先尚俭节"。著名隐士管宁常着皂帽布襦，随时单复。这种局面的出现，与当时"朝廷之议，吏有著新衣，乘好车者，谓之不清；长吏过营，形容不饰，衣裳蔽坏者，谓之廉洁"不无一定关系。由此看来，被称为一代枭雄的曹操，不愧为"治世之能臣"美誉。（图4-1-1）

图4-1-1 曹操画像。

不过，由于世家大族制度的确立，即使一代枭雄曹操极力提倡简朴，他的子孙也并没有将他所开创这种风气坚持到底。魏文帝曹丕即曾讲过："三世长者知被服，五世长者知饮食，此言被服饮食难晓也。" 这表明，魏文帝曹丕对于"服以旌礼"的社会功能不仅没有忘怀，而且言语中透露出他对传统华美服饰的提倡。

图4-1-2 东晋顾恺之《洛神赋图》（局部）。（采自陈高华等主编：《中国服饰通史》）。

实际上，自曹丕开始，宫中已经传说，曹丕的妻子甄后即穿着华丽的衣服。这从曹植的《洛神赋》中可以看到。原来，曹植与甄氏一见钟情，甚至有过荷塘相会的经历。甄氏先被曹操纳为妻，后又被曹丕迎为皇后，曹植自然对其父其兄心存芥蒂，甄氏也对曹操和曹丕所不齿。蒲松龄在《聊斋志异·甄氏》篇中即说，甄氏大骂曹丕"不过贼父之庸子耳！"甄氏一生郁闷，红颜早逝，这让曹植伤透了心，不仅与父与兄之间反目为仇时有矛盾，而且对甄氏怀念不已，面对涛涛的洛水，他写下了洋洋洒洒、文采飞扬的不朽诗篇《洛神赋》，尽情倾泻了自己抑郁不得志的内心痛苦，表达了他对爱情热烈追求，抒发了他渴望自由的满腔情怀。晋代著名画家顾恺之根据曹植的《洛神赋》，画出了《洛神赋图》这幅为后人所称颂的不朽画卷，以绚丽的色彩和浓郁的笔触形象地再现了洛神女那雍容华贵的迷人风姿，淋漓尽致地描述了曹植追求爱情和自由的情愫。在画卷中，曹植头戴卷梁冠，身穿大袖衫，在侍从的陪同下，满目深情地伫立在洛河旁，遥望舒袖起舞的洛水女神，爱慕之情溢于画卷之中；洛水女神"奇服旷世，骨像应图。披罗衣之璀璨兮，珥瑶碧之华琚。戴金翠之首饰，缀明珠以耀躯。践远游之文履，曳雾绡只轻裾"，于洛水之边翩翩起舞。（图4-1-2）才子佳人，华服美饰，尽显达官贵人一副高贵与洒脱气派的同时，也使魏晋期间服饰世家大族所崇尚的"褒衣博带"风格得到充分宣泄。

图4-1-3　南朝梳高髻女立俑。（采自陈高华等主编《中国服饰通史》）

华美服饰所宣泄的门阀世族刻意追求糜烂生活之风和尽情享乐的心态，使魏晋南北朝期间所盛行的"褒衣博带"之风像瘟疫一样传播开来，影响了整个时代。对于这股糜烂之风，正直之士无不忧心忡忡。那个怕自己的子孙被奢侈之风熏陶和感染的颜推之，便在其家训中详细描述了这种风气的形成与发展，希冀子孙因以为戒。他说，晋朝末年，"皆冠小而衣裳博大，风流相放，舆台成俗。"梁朝之时，富贵子弟多不学无术，"无不熏衣剃面，傅粉施朱，驾长檐车，跟高齿屐，坐棋子方褥，凭斑丝隐囊，列器玩于左右，从容出入，望若神仙"。（图4-1-3）

门阀世族服饰奢华之风的形成，根本原因是在于这个阶层本来即是一个只知道享乐的腐朽群体。萧齐时，萧长懋"善制珍玩之物，织孔雀毛为裘，光彩金翠，过于雉头矣"。这里所谓的"雉头"，即是质地纤柔、五彩兼备的野鸡颈羽毛。以此种原料制成裘衣，自然是靡费颇巨的奢侈之举。为此，晋武帝曾明令禁止，并在殿前焚烧过。但此风终究禁而不止。晋代那个以奢侈糜烂为标榜的石崇，也曾以"雉头裘衣"做过服装。为此，北魏河间王元琛还忿忿不平地说，石崇"乃是庶姓，犹能雉头狐腋，画卵雕薪，况我大魏天王，不为华侈。"

魏晋南北朝期间衣服款式越来越趋向博大的潮流，与统治者自身的嗜好和追求也不无一定关系。唐代阎立本所绘《历代帝王图》中的晋武帝，即为穿衮服的"褒衣博带"形象，为后人研究皇帝所穿"衣画而绣裳……凡十二章"的衮冕之服提供了具体的形象。（图4-1-4）南朝宋孝武帝刘骏登基之时，周朗即曾上书抨击过当时服饰博大的风尚。他说："一袖之大，足断为两；一裙之长，可分为二。见车马不辨贵贱，视冠服不知尊卑。尚方今造一物，小民明已睥睨。宫中朝制一衣，庶家晚已裁学。侈丽之原，实在宫阃。" 由此看来，魏晋南北朝期间所兴起的"褒衣博带"之风之所以泛滥成灾，实在与皇室大力提倡有一定干系。

第
四
章

图 4-1-4 《历代帝王图》中的晋武帝画像。

从历史发展进程看，魏晋服饰华丽之风，开端于曹魏，兴盛于两晋，如同瘟疫一般污染着整个社会。曹丕病逝之后，继位的明帝曹睿更加崇尚奢华，服饰便开始趋向艳丽奢侈。到西晋时，奢侈之风已泛滥成灾，门阀世族生活堕落，穷奢极欲，穿着极尽豪华，与庶族、百姓之间已有很大差别。因此，当东晋苏峻之乱发生，建康危机之际，尚书左丞孔坦即对同僚们预言说："观峻之势，必破台城。自非战士，不须戎服"。"既而台城陷，戎服者多死，白衣者无他，时人称其先见"。孔坦因穿着平民衣服，掩饰了自己的身份而幸免于难，并不是他有什么先见之明，而是在于门阀与百姓之间服饰华丽程度差别太大，不仅使服饰成为区分不同阶层人士的一种标志，而且为苏峻叛军尽杀世家大族提供了依据。

东晋南朝之时，鉴于服饰不断趋向华丽，统治者不得不对于各阶层人士的服饰逐渐做出了较为严格的规定。如南朝宋即规定：丝织衣帽、锦帐、纯金银器等皆为皇宫专用品，即使王公大臣也不得使用；三品以下官员均不得使用真珠、翡翠校饰缨佩，穿着杂彩衣；六品以下官员均不得穿绫、锦等衣物；八品以下官员均不得服用罗、纨、绮等；骑士、百工则不得服用越叠，乘坐犊车，不得用银装饰器物，履的颜色也只能是绿、青、白三色；奴婢和衣食客不得服白帻，履的颜色只能为纯青色。甚至，有的服饰法令还带有明显歧视商人的特点。如晋律即规定："市侩卖者，皆当著巾帖额，题所侩卖者及姓名，一足著黑履，一足著白履"。如此规定，对于服饰的个性化倾向自然带有较严厉的制约作用。

当然，任何严厉的服饰规定对于统治者来说，是没有多大限制的。据说，在魏晋之时，皇帝的服饰除各种衮服外，最显著的标志便是冕服。汉魏之际人刘熙《释名》谓："祭服曰冕，冕犹俛也。俛，平直貌也，亦言文也，玄上纁下，前后垂珠，有文饰也。"冕的主要部件为冕綖和冕旒。冕綖即冕板，前圆后方，加于通天冠上；冕旒即垂于冕綖的玉珠，前后各有12旒。自周天子开始，冕旒12的形制即已成为一种定制。恐怕，历史上惟一例外当为北周皇帝宇文　。这位皇帝入承大统之后，不久即将皇位传给他的儿子宇文衍，并自称为"天元皇帝"。表面上看来，这位太上皇把皇位让的倒干净利索，实际上他对于皇帝所拥有的至高无上权利和荣耀始终耿耿于怀。为表示自己拥有最高权利和地位，他特意在如何穿戴上下了一番功夫，不仅将冕旒加大了一倍，变为24旒，其余车服章旗亦倍于前王之数。以如此异想天开的方式来表示这位太上皇的非同一般，无外乎在于显示他拥有比皇帝更为显赫的权利和地位。宇文　死后，此制即被废止。在中国历史上，宇文　可谓是前无古人后无来者的一人，也算是有点个性吧！（图4-1-5）

图4-1-5　大同市北魏司马龙墓出土《人物故事图》，坐者戴冕、上衣下裳，抬者褶衣缚裤，足蹬靴，步者戴步摇，穿长裙，披帛。（采自《中国美术全集·工艺美术》）

对于魏晋南北朝期间所流行的"褒衣博带"之风，有些人士也曾极力反对过。那个信奉佛教的萧衍，在当了皇帝之后，为表示自己简朴，竟然"身衣布衣，木棉皂帐，一冠三载，一被二年"。这虽然是表面文章，但对于世风是有一定影响的。萧衍时的余姚令沈　对服饰日趋华丽之风即非常痛恨。他看见那些富有官吏皆美服华衣包装和宣示自己，心中非常愤怒。

他不仅将这些人叫到面前狠狠地训斥一顿，而且还强迫他们穿上草鞋和粗布衣服，打扮得类似仆人一般，在大街上站立了整整一天，以示惩罚。（图4-1-6）

图4-1-6　魏晋墨彩砖《进食图》中穿衫裙长裤男子形象。（采自《中国美术全集·绘画》）

当然，最能显示魏晋期间服饰带有浓厚个性化倾向的，应是那些不拘礼法、放荡不羁的士人装束。魏晋期间，国家分裂局面的长期存在，不仅使中央政权对于服饰文化有关的统一性规定所具有的约束能力丧失殆尽，而且使自古以来中央政权所宣扬的统一性思想受到从未有过的冲击和挑战，致使玄学兴起和玄风流行成为一种不可阻挡的潮流，并促使魏晋期间的服饰文化所带有的个性化色彩日益泛滥。

玄风是在玄学思潮支配下于士人中间出现的一种特殊的生活风气。玄学的兴起导致不为功名利禄所累和到大自然中寻找自我精神安慰与心理平衡的玄风流行。反映在生活观念上，便是在士大夫阶层中出现了一股崇尚清谈、冲破礼教、傲俗清高、放荡不羁的时代性思潮。这股非功利性思潮，促使士大夫们放弃了以往那种追求仕途功名的陈腐理念，致力于追求自由解放、超脱飘逸的精神境界。在这股潮流和精神境界的影响下，文人服装趋向衣着宽博、所饰无常、敷粉施朱、毫无限制的地步。对此，曾对道教发展做出重要贡献的葛洪即说："丧乱以来，事物屡变。冠履衣服。袖袂裁制，日月改易，无复一定。乍长乍短，一广一狭，忽高忽卑，或粗或细。所饰无常，以同为快。其好事者，朝夕仿效，所谓京辇贵大眉，远方皆半额。"

图4-1-7　以放荡不羁而闻名的刘伶。（采自周汛等：《中国历代服饰》）

在衣冠服饰上，士大夫以崇尚虚无、蔑视礼法、放浪形骸、任情不羁为尚，以独领魏晋宽衣博带风骚标榜于史册。在这方面，竹林七贤可谓是个代表。南京西善桥出土的"竹林七贤与荣启期"砖印壁画，生动地再现了此期文人服饰的风貌。以放荡不羁闻名于世的刘伶淡薄人生，终日醉生梦死不说，所穿衣着，袒胸露腹，似乎只是将布帛披在身上一般，充分宣泄了一个不受礼法约束的士人所特有的玩世不恭、我行我素的胸臆。（图4-1-7）

因此，自魏晋开始，长衫便成为士人服装中最有特色的装束。衫与袍是有一定区别的。袍有袪，而衫有宽大敞袖。由于不受衣袪的限制，长衫更能够体现"褒衣博带"的特点，从而使魏晋时期的服装宽松化的特点更为明显。加之，衫的穿法有多种，与衫配套的其他服饰更带有极大的随意性，从而使衫成为魏晋士人的主要服装。宽畅的长衫，衫领敞开，袒胸露臂，能够充分展现士人所特有的那种天马行空、落拓不羁的精神品貌。此时的长衫一般为对襟，中间或用襟带相连，或无任何纽带而敞开两襟。

图4-1-8 南北朝戴进贤冠，穿长衫青釉对书瓷俑。（采自黄能馥等主编：《中国服饰艺术源流》）

衫子的穿法也有多种，或穿着在身，或披搭在肩，或敞开领襟，或袒胸露臂。头饰或梳丫髻，或戴巾帕。脚上或穿木屐，或赤足。裙或穿于衫之内，或系于衫之外。腰间再配以丝绸宽带捆扎，更给人以超凡脱俗、飘忽欲仙的感觉。（图4-1-8）

不向权贵折腰，更不做金钱和利禄的奴婢，是自古以来中国文人的一种信条。这种信条在魏晋南北朝时代所盛行的玄风之中更为文人们所推崇。他们既拥有一定的政治报复和济世安民的救世主心态，又颇有几分看破红尘和玩世不恭的潇洒与飘逸。这些士人无意官场，对于山水却情有独钟。他们到青山绿水之中体味人生，在游山玩水之际觉悟自我。为此，一些特殊服装也应运而生。南朝齐宋间的谢灵运所创造的木屐便是这样一种服装。本来，木屐为流行于南方地区的一种"施两齿，所以践泥"的鞋子，不分贵贱和场合，皆有穿用者。南朝宋开国皇帝刘裕在即位后仍常穿连齿木屐散步。有的木屐有齿，有的木屐无齿。三国时，为清除行军路上的蒺藜，司马懿命2000兵士穿平底木屐作为前队，为大军开路。这是无齿木屐的记录。淝水之战时，捷报到来时，东晋名相谢安正在与友人下围棋，为表示胜利早已是意料中的事，谢安故作镇静，头不抬，语没答，但友人走后，他慌忙跑进内室，把淝水之战胜利的消息告诉妻室，没想到，情急之中过门槛时把木屐齿折断。甚至，为欣赏青山绿水所特有的神韵，山水诗的鼻祖谢灵运还创造出一种鞋底前后都有活齿的木屐，上山时将前齿取下，以利攀登，下山时将后齿取下，以便于下坡。这种上下自如，仿佛在平地上行走的木屐，被后人称之为"谢公屐"。

至于不守礼法，以放荡不羁为尚的士人，自然不受朝廷所规定的冠服制度的约束。因此，他们所穿衣服以"褒衣博带"相标榜，所戴帽子不仅以式样呈现五花八门为特点，而且多以轻薄的乌纱为面料制成，从而导致有的帽子难以固定在头顶之上。据说，魏晋名士孟嘉当年即曾戴过一顶极容易被风吹掉的帽子。有一年九月九日重阳节，权倾朝野的东晋大司马桓温在山顶上设宴招待幕僚，时在桓温手下任参军的孟嘉应邀前去赴宴。推杯换盏之际，一阵风刮过，将孟嘉的乌纱帽吹落地上。孟嘉虽已察觉，但已有醉意的他并没有在意，依然谈笑风生，全然不把桓温放在眼中。对此，桓温心中老大不高兴，便命另一位叫孙盛的名士写诗嘲弄孟嘉。岂料孟嘉虽

图 4-1-9 顾恺之《烈女仁智图》（局部）中戴帽者形象。（采自黄能馥等主编：《中国服饰艺术源流》）

醉意朦胧，但才思仍然敏捷。他接过孙盛嘲弄自己的诗文，顺手便和了一篇令满坐皆惊的诗歌。于是，孟嘉的一次小小失态，倒成就了他潇洒、聪颖、有才、大度的英名。因此，后世将孟嘉醉酒失态之处，即荆州附近的龙山之顶称为"落帽台"，唐代大诗人李白曾在一首诗中吟道："醉看风落帽，舞爱月留人"。宋代词人辛弃疾也有诗赞曰："思量落帽人风度，休说当年功纪柱。"（图 4-1-9）

甚至，在此期间内，某些士人还随心所欲地制作出一些奇装异饰，以标新立异的方式来张扬个性，宣泄自己独树一帜、不与他人雷同的情怀。有的士人甚至以羽毛来编织服装，以展现本人拔出流俗，放荡不羁的个性。用飞禽羽毛编织的服装，被称为"鹤氅"。据说，这种服装既宽大舒展，又飘逸潇洒，还可避风挡雨，在一段时间内实在为清谈之士所仰慕和梦想。

东晋时，那个曾经造反作乱的王恭即"尝被鹤氅裘，涉雪而行，孟昶窥见之，叹曰：此真神仙也！"

在这股展现自我个性的服饰风潮中，巾这种在汉代被下层民众所用的头衣也成为士人展现风雅的服饰。巾是一种包裹头发使之不覆盖脸部的服装，最初是不分贵贱尊卑的，但在冠出现之后，巾便逐渐成为士大夫以外庶人所使用的一种头饰。因此，刘熙的《释名》谓："巾，谨也。二十成人，士冠，庶人巾，当自谨修四教也。"

进入魏晋之后，使用冠与巾的区别主要在于区分是否出仕，隐士及未出仕的士大夫皆以巾来表示自己所具有的非官员身份。东汉末年，豫章太守华歆戴巾出城迎接孙策，表示自己已经放弃了太守的官职。西晋时，征南大将军羊祜在与从弟的信中说，待安定边事后，"当角巾东路，归故里"，

图4-1-10　北齐《校书图》（局部）（采自陈高华等主编：《中国服饰通史》）

指的当是致仕。这就是说，进入魏晋之后，戴头巾已不再是身份卑微的标志，而是一种文雅的象征。因此，文人雅士在众多场合以戴头巾为风雅。传世的北齐《校书图》中，士大夫即多戴头巾。（图4-1-10）有的名士甚至戴头巾去谒见上司，以示风雅。东晋谢万就曾戴以白纱制作的纶巾，披以羽毛编织的鹤氅裘，执手板，前去拜见会稽王司马昱。东晋南朝著名隐士陶潜日常多戴头巾。一次，郡太守前来拜访陶潜，正值他酿的酒已熟。陶潜取下头上的纶巾滤酒给太守喝，滤完之后将纶巾戴在头上。如此行为可以作为士人放荡不羁、不拘小节的一种表现。戴头巾的方式，初以整幅布为巾，向后包裹头发，故头巾又被称为"幞头"。到北周时，宇文邕对服饰进行过改革，在头巾的四周加上四条带子，从而成为隋唐之时幞头的滥觞。

魏晋之时的头巾，不仅为唐宋间头服的幞头流行开启了先河，而且使其至今在云贵川一带还存有一些遗迹。据说，现在四川地区流行的白巾帕，即与诸葛亮的头巾有一定关系。诸葛亮是三国时代一位杰出的政治家和军事家，他的头巾曾为四川一带的百姓所效法。传说，这位以"羽扇纶巾"

为装束特征的人物，由于治蜀的杰出功绩而被四川一带的老百姓所尊敬。在其死后，蜀中百姓非常悲痛，纷纷要求朝廷在成都建祠纪念。但是，那位阿斗认为老百姓心中没有他这个皇帝，以诸葛亮不是皇族中人为由，拒绝为其建祠立庙。刘禅的做法让蜀中百姓非常伤心。百姓只得到野外焚香烧纸，"因时节私祭于道陌上"。 为此，刘禅大怒，下令不准野祭，违者要打板子、罚银子。于是，百姓学诸葛亮的样子，以丈余长的白帕子在头上盘两三圈，在脑后拖三尺长，算是为诸葛亮戴孝，从而形成了白巾帕缠头的装束。

图 4-1-11 诸葛亮画像。

对此，《浣水续谈》谓："蜀山谷民皆冠帛巾，相传为诸葛公服，所居深远者，后遂不除。"因此，至今当地农民仍将缠头的帕子称为"诸葛巾"、"诸葛孝"。（图4-1-11）

　　如果说，巾作为士人展现风雅的一种头饰而得以流行于社会各阶层中，那么，魏晋期间所出现的一股"上俭下丰"式服饰风尚，则是一种与"褒衣博带"服饰风尚相左的潮流。这种服饰时尚既是魏晋期间个性化服饰思潮的一种反映，也是魏晋时代气息所陶冶的一种结果。魏晋之世的最大特点是一个乱世。乱世之中的服饰，自然多了几分戎装气，从而使东汉以来所流行的褒衣博带、大袖翩翩式服饰有所收敛，致使中原地区的服装式样由上长下短变为"上俭下丰"，由宽衣博带变为窄袖紧身。晋人干宝的《晋纪》在记述当时妇女的服装时说："泰始初，衣服上俭下丰，着衣者皆厌腰。"这种细腰、窄腰、上衣短小而下裳宽大的服装，在此期所出土的陶俑、壁画中处处可见。（图4-1-12）东晋大画家顾恺之《列女传仁智图卷》中的女子所着"杂裾垂髾服"，犹如"凌波仙子"，超凡清丽。妇女平时爱穿的服装主要为两裆、白练衫与各式长短裙。在首饰上，兵器形首饰的出现，既平添了妇女的几丝英武之气，也显示了乱世对于服饰的影响。"晋惠帝元康中，妇女之饰有五兵佩，又以金银、

图 4-1-12 南朝女立俑。（采自陈高华等主编：《中国服饰通史》）

玝瑂之属为斧、钺、戈、戟，以当笋阙"。

最为重要的是，魏晋期间的乱世，不仅使朝廷的有关服饰的规定性同一张废纸，而且社会经济在很长时间之内处于一种难以复苏的凋敝状态之中，从而使服饰文化新式样的出现与流行奠定了基础。加之，不受礼法约束的玄风的影响，更为新式服饰的问世与流行提供了必不可少的思想基础。魏晋南北朝期间，褶裤、两裆衫、半臂和帽等多种简洁实用服饰的流行，对于传统服饰文化自然是一种冲击和反叛。魏晋期间，褶裤和帽子的流行，是民族服饰文化长期融合的产物，我们将在下节予以叙述。在此，仅对两裆衫、半臂予以简要介绍。

两裆衫，亦称"裲裆"，今日俗称为"坎肩"、"背心"，最早约出现于东汉末年。刘熙《释名》即说："两裆，其一当胸，其一当背也。"可能，正是由于两裆衫分为遮挡前胸和后背的两片，故才有这种名称。从两裆衫上海博物馆藏文侍俑所著两裆衫形象看，两裆衫形制为肩部用两条宽带子将前胸和后背两片连接起来，腋下亦有带子连接。有的学者认为，两裆衫与汉代日常服装并无渊源关系，而与当时战争中盛行所用两裆铠甲有一定的联系，当为两裆铠甲的衬衣。

图4-1-13　东魏穿两裆铠及护腿铠、戴胄的武士俑。原件藏日本早稻田大学美术陈列室。（采自黄能馥等主编：《中国服饰艺术源流》）

两裆衫，这种滥觞于东汉末年的服装，在魏晋时成为一种重要的便服，不仅作为内衣穿，而且还作为穿在外边的便服。据说，沈攸之曾将记载宋明帝与自己约誓的素书常藏两裆衫内，以表示自己的忠心。《晋书·五行志》谓："至元康（291～299）中，妇人出两当，加乎交领之上"。《玉台新咏·吴歌》亦曰："新衫绣两裆，迸置罗裙里。"则是既将两裆衫当作外服穿着，也将两裆当内衣穿用的。（图4-1-13）

着装的随便，使半袖这类居家便服开始流行起来。半袖，是一种穿着在外的短袖服装。《释名》谓："半袖，其袂半襦而施袖也。"到唐宋之时，这种居家便服非常流行，被称之为"半臂"。在魏晋之时，无论士庶，已成为平时在家经常穿着的服装，但外出时则很少穿着，尤其是会见客人时更不能穿着这种被认为不合礼法的短袖服装的，故《晋书·五行志》称半袖为"妖服"。据说，三国时魏明帝曹睿曾穿半袖会见杨阜，因而遭到人们的指责。（图4-1-14）

图4-1-14　北魏戴小冠。上身穿大袖衫及半臂，下身穿长裙的官人俑。（采自黄能馥等主编：《中国服饰艺术源流》）

由于褶裤、两裆衫及半袖的流行，使魏晋期间的服装风格得以改变，致使"裙"这种自商周以来所盛行的服装开始从成年男性服装范畴中逐渐淡出，从此之后，裙子成为女性所专有的服装。据说，诸葛亮联合东吴，帅兵十万出斜谷伐曹魏，在一个叫南原的地方扎下营寨，与前应战的曹魏大将军司马懿对起垒来。诸葛亮试图速战速决，可司马懿偏偏深沟高垒，无论诸葛亮的军队如何在阵前怎么叫骂，就是闭门不出。眼看粮草将尽，诸葛亮无法之下，便派人送去包括裙子在内的一套花衣服，寓意司马懿如同胆小的女人一般。看到这套女人的花衣服，司马懿的部下气得要斩来使。司马懿虽也气愤异常，但想到这是诸葛亮的激将之法，便忍了又忍，不仅没有杀掉来使，反以酒肉款待。司马懿仍没有出战，最终导致诸葛亮退兵而去。由此看来，忍耐，也是一种大度，是一种力量。

不过，在魏晋期间，仍然有人认为裙是正统服装而加以重视。如西晋傅玄在《裳铭》中即说："上衣下裳，天地则也。"三国时的隐士官宁就经常穿着裙子招摇过市。孟卓家境贫寒，穿一条裙子，十年之中，没有什么衣服可以替换。甚至，还产生了与裙子有关的传说。据说，羊欣是闻名当时的一个大书法家，他的字写得格外好。之所以如此，原因是在他12岁那年时能够得到大书法王献之的真传。据说，一天，羊欣正穿着裙子在家睡午觉，适逢大书法家王献之前来。王献之见羊欣睡态可爱，兴致之余，提起笔来在他的裙子上写了一通，羊欣得到大家墨宝，由此书法大进。（图4-1-15）这自然是一种毫无根据的传说，但从另一个侧面说明，服饰文化既是一种较为稳定的文化，又是一种变更较为迅速的文化。在服饰文化变更的浪潮之中，不仅总有那么一些人对于故有服饰怀有留恋难舍的怀旧思绪，而且原有服饰往往如同一种难以被荡涤的旧事物一样，总是在历史舞台上尽量地表演自己。

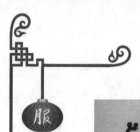

图 4-1-15 莫高窟第 288 窟北魏男穿对襟褶衣、裙子，女穿大袖衫、两裆及长裙的供养人形象。（采自黄能馥等主编：《中国服饰艺术源流》）

2. 胡汉服饰文化交融的赞歌

魏晋南北时代，既是一个战乱的时代，也是中国各民族大融合的一个时代。各民族之间的文化冲突与交流，促使包括服饰文化在内的各种文化以从来没有过的深度和宽度实现了一次大融合，不仅为中国民族共同体凝聚力的强化提供了不可缺少的历史雨露，而且充分显示了中国服饰文化所具有的如同大海一般的包容性特点。魏晋期间的服饰文化的融合，对于中国服饰的变更影响甚为巨大。在此期间所出现的汉族服饰的胡化以及少数民族服饰的汉化倾向，不仅使这一时期的服饰显得绚丽多姿，而且为别具一格隋唐服饰文化的形成与繁荣奠定了基础。

少数民族服饰的汉化，最为典型的例子莫过于北魏期间魏孝文帝的改制。这种服饰改制，不仅是一种生活习俗的变更，而且是一种中华民族文化大汇聚。魏孝文帝积极推行汉化政策，以法令的形式要求鲜卑人改易胡服，模仿南朝，依据汉制。官服以宽袍长裙为特征，雍容雅瞻。北魏便服仍沿用裤褶，交领大裤，与南方褶裤相差无几。通过此次改革，南北方服饰开始趋向于一致。（图 4-2-1）

当然，生活习俗是一种顽固的文化基因，服饰文化的改变绝不可能是一帆风顺的。为此，北魏孝文帝面对守旧鲜卑贵族的激烈反对，采取严厉的措施，以铁的手腕推行自己的服饰改制。据说，自南朝进入北魏的褚緭，本来可以得到重用而有所作为。但是，在魏孝文帝改革服制之时，他极力反对。当他参加北魏宴会之时，

图 4-2-1 北魏穿上衣下裳，大袖，蔽膝，侍者穿褶裤《进香图》。原件藏美国费城大学博物馆。（采自黄能馥等主编：《中国服饰艺术源流》）

看到大臣所穿服饰便写了一首诗予以讽刺道："帽上著笼冠，裤上著朱衣。不知是今是，不知非昔非。"为此，"魏人怒，出为始平太守"。民族融合、服饰文化不断发展，这是一种历史的必然。褚緭对于胡服的汉化持讽刺态度，可谓是一个不识时务者。

魏孝文帝的儿子元恂，也是这样一个不识时务者。他是魏文帝确定的皇位继承人。作为皇太子，他本应该深刻地理解他老子的一片苦心，为孝文帝的改革提供一臂之力。但是，这位皇帝的当然继承人却将他父皇赏赐给自己的汉族衣冠丢弃在一旁，不仅明目张胆地穿着胡服在宫中招摇过市，甚至还图谋发动叛乱。为确保改革大业的顺利进行，魏孝文帝不得不大义灭亲，不仅废黜元恂的皇太子封号，将他处以极刑，而且还大开杀戒，处死了一大批敢于反对自己变革胡服的鲜卑元老重臣，从而使改制得以进行。

即使如此，在魏晋南北朝期间，少数民族服饰的汉化也并不可能在较短的时间内得以完成，而是一个漫长而曲折的历史进程。即使魏孝文帝所推行的汉化式服装，也并非是完全地照搬中原地区的汉族服饰，而是在鲜卑族"褶裤服"的基础上加以改进的，甚至在某些方面服装的博大程度要超过南朝，因而有的人才有那种不伦不类之叹。何况，自北魏后期开始，服饰汉化的进程便被战乱所中断，代之而起的是兴起于北方边镇的服饰鲜卑化潮流 。到北齐、北周时，反对胡服汉化的风气似乎又占了上风，服饰文化呈现为鲜卑化回潮态势。（图4-2-2）

不过，即使在服饰文化的这股鲜卑化回潮之中，由于服饰逐渐趋向于美观和实用所决定，无论是服饰的胡化还是汉化，都对后世的服饰发展趋势起到了一定作用。北齐文宣帝高洋即是一个力主恢复胡服者。他"袒露形体，涂傅粉黛，散发胡服，杂衣锦綵"，虽被认为是个亡国之君，但对服饰趋向奢华靡烂起到了一定的警示作用。北齐官员的服

图4-2-2　原件现藏加拿大皇家博物馆的北朝穿对襟、窄袖、袒胸襦衫的加彩陶俑。（采自周汛：《中国历代服饰》）

饰，"有长帽短靴，合裤袄子，朱紫玄黄，各任所好。虽谒见君上，出入省寺，若非元正大会，一切通用"， 也在一定程度上为服饰的多样化起到了促进作用。（图）北周实行胡汉两种服饰并举政策，在朝会等正式场合之中

穿汉魏衣冠，平时服鲜卑装，并将褶裤作为常服，促使服饰文化融合的深度发展，某些服饰变革措施成为隋唐服饰的滥觞。宇文护主持朝政时，下令袍服加上下栏，使之具有下裳的形制，并将此种窄袖袍称之为"　衫"。这种圆领窄袖　衫，成为隋唐之时较为流行的一种服装　。北周宣帝将皇位传给儿子后，自称天元皇帝，称他所居住的地方为"天台"，而且规定："天台侍卫之官，皆著五色及红紫绿衣，以杂色为缘，名曰品色衣。有大事，与公服间服之。"这种以官阶为依据来确定所穿服装颜色的制度，成为隋唐时代官员朝服依据官品为区分的滥觞。（图4-2-3）

图4-2-3　穿胡服的北齐彩绘师骑士俑。（采自陈高华等主编：《中国服饰通史》）

　　魏晋南北朝时期，北方地区游牧民族的服饰对于中原地区服饰影响较大者，莫过于褶裤服、帽子和披风等类服装。魏晋期间，褶裤在我们各地的普及与流行，是中国境内各民族服装长期融合的一种结果和证明。褶，意"为重衣之最在上者也，其形若袍，短身而广袖，一曰左衽之袍也"，最早当是北方地区游牧民族的一种服装。褶裤是一种上衣下裤的服式。自汉代末年，褶裤这种服装即已开始在各江南地区兴起，逐渐成为低级将领及士卒的服装。（图4-2-4）据说，东吴初年，吕范为整肃军中风纪，自愿兼任管理军中杂务的都督一职。在与孙策对弈时，吕范说："愿暂领都督。"都督为下级军官，孙策实在不好意思将这样的职务给予一个以士大夫自居的人，因而只是笑了笑，并没有说什么。吕范以为孙策已默许，走出孙策府邸，"更释褠，著裤褶，执鞭，诣阁下启事，自称都督。策乃授传，委以众事。由是军中肃睦，威禁大行"。褠，是一种形制如同单衣但袖子平直的服装。以士大夫自许的吕范，虽是军中高级将领，自暂领都督一职后，也只得脱掉与单衣相似的褠，穿上与下级军官都督相称的褶裤。可见，在东吴时代，源于北方游牧民族的左衽、小袖、裤腿较瘦的褶裤在军队

图4-2-4　现藏美国勘萨斯市纳尔逊博物馆的北齐穿褶衣缚裤，戴胄，披明光铠的武士俑。（采自《中国陶瓷·汉唐陶瓷》）

中即已流行。

褶裤开始成为一种通用性服装，当在曹魏之时。官渡之战后，曹操领兵在外攻伐荆州，太子曹丕留守邺城。一天，曹丕变换衣服，穿上褶裤，外出田猎。崔琰上书劝阻道："深惟储副，以身为宝，而猥袭虞旅之贱服，忽驰骛而陵险，志雉兔之小娱，忘社稷之为重，斯诚有识所以恻心也。惟世子燔翳捐褶，以塞众望，不令老臣获罪于天。"对于这种规劝，曹丕不以为然。他认为："变易服乘，志在驱逐。" 大概，从曹丕开始，褶裤这种服式即通行于上下，已开始成为一种最为重要的服装。（图4-2-5）

只是，在南北朝期间，北方以褶裤为朝服，而南方则把褶裤作为一种戎服。刘宋时，皇帝于半夜之中召见大将沈庆之。沈庆之"戎服履袜缚裤"进宫。皇帝见后大吃一惊，问："卿何意乃尔急装？"沈庆之答道："夜半唤队主，不容缓服。" 意思是说，半夜之中传我进宫，必然有急事，因而我只能穿一身戎装"急服"前来参见主公，是不能穿褒衣博带的"缓服"的。萧齐时，武帝萧赜见前线士卒衣服

图4-2-5 四川彭山出土东汉末年穿褶裤俑。
（采自周汛等：《中国历代服饰》）

褴褛，于是送去褶裤3000套以解军需 。北魏文明太后去世时，萧赜派散骑常侍裴昭明、散骑侍郎谢竣前往吊唁，主客之间就曾怎样"以朝服行事"发生争执。"朝服"，在南朝虽规定为五色朝服，但实际上官员皆穿朱色朝服，从而使朱衣遂成为文职官员的代称。如有个叫吕安国的人，官职由平北将军而被征为光禄大夫，加散骑常侍。他感到自己已经进入高级官员之列，于是告戒他的儿子说："汝后勿作褶裤驱使，单衣犹狠不称，当为朱衣官也。" 对于萧齐以朱紫之服作为朝服的礼节，北魏朝官认为："吊有常式，何得以朱衣入山庭？"昭明等言："本奉朝命，不容改易。"为此，北魏孝文帝只得命李冲选派有学识的成淹与昭明等理论。成淹仍然坚持来使穿褶裤参加吊唁活动，昭明说："使人唯赍裤褶，比既戎服，不可

以吊，幸借缁衣帢，以申国命。"于是，北魏孝文帝"敕送衣帢给昭明等"，才顺利的解决了穿着何种服装参加吊唁的问题。对此，王国维考证说："裴昭明言'使人唯赍裤褶'，是本欲以裤褶吊；而魏人谓之'欲以朝服行事'，是北人以裤褶为朝服也。昭明言'比既戎服，不可以吊'，是南人以裤褶为戎服也。"（图4-2-6）

图4-2-6　北魏戴鲜卑帽、披战袍的持剑武士俑。（采自陈高华等主编：《中国服饰通史》）

褶裤服对于一些熟悉北朝服饰特点的人来说，似乎具有极大的吸引力。萧梁时，有一个叫陈庆之的人，曾于北魏永安二年（529）奉梁武帝萧衍之命送魏北海王元颢回洛阳。在洛阳，他详细考察了北魏风俗习惯及文化，尤为北魏的服饰所羡慕。后来，陈庆之回到梁朝，任司州刺史，对北魏人的生活风俗异常器重。对此，有的同僚很不理解，他解释说："自晋宋以来，号洛阳为荒土，此中谓长江以北，尽是夷狄。昨至洛阳，始知衣冠世族，并在中原。礼仪富盛，人物殷阜，目所不识，口不能传。所谓帝京翼翼，四方之则。始登泰山者卑培塿，涉江海者小湘沅，北人安得不重？"因此，陈庆之尽量模仿北魏的穿戴，"羽仪服式，悉如魏法。江表士庶，竞相模楷，褒衣博带，被及秣陵"。陈庆之的儿子陈暄也如同他的父亲一般，"以玉帽簪插髻，红丝布裹头，袍拂踝，靴至膝"。如此父子相袭，自然能够使北方游牧民族适宜于活动的服饰迅速在中原地区蔓延开来，成为变革中原汉族服装的一种基因。

褶裤的流行，促使中国自古以来所形成的"上衣下裳"服饰主格局发生了根本性变化，为"上衣下裤"式服装格局的形成奠定了基础。在这方面，起主要作用的是裤子在这一时期的变化，从而使魏晋南北朝成为"上衣下裤"服装式样形成的一个转折时期。在汉代，通常的服装式样为上襦下裳，或着袍、衫等长衣服，穿裤的目的主要是为保暖，故《说文》谓："绔，胫衣也"；《释名》曰："裤，跨也，两股各跨别也。"这就是说，汉代的裤子裆部并未缝合。因此，当时不穿裤子是常有的事。据说，三国时，许允任中领军，得知大将军司马师下令逮捕李丰，"欲往见大将军。已出门，中道还取裤，丰等已首讫"。许允不穿裤子便能出门，显然是穿着长衣，回家所取裤子也应是裆部未缝合的样式。合裆裤子当为上身穿短装时的衣服，最早应为在北方气候寒冷地区所穿服装。蒙古诺颜山 6 号匈奴墓葬中所出土的毛织裤子为裤脚较瘦的合裆裤。穿着这种合裆裤行动方便，既保暖又节省制作材料，传入中原之后，当首先为劳动者所接受，后来才逐渐扩展到社会各阶层。（图 4-2-7）

图 4-2-7　甘肃嘉峪关 5 号晋墓出土带有穿交领衫裙、长裤人物形象的彩绘《牛耕图》。（采自黄能馥等主编：《中国服饰艺术源流》）

魏晋南北朝期间，与服饰胡化相对应的，是汉服的胡化。汉服胡化的里程自曹魏时即已开始。到西晋时，汉代时流行的襜褕、短褐已难以见到，新式服装大为流行。"武帝泰始初，衣服上俭下丰，著者皆厌腰"；"太康中，又以毡为绲头及络带袴口"；"永嘉中，士大夫竞服笔单衣"。到南北朝时，南北各地皆形成了上身穿褶，下身着裤的"褶裤服"装束习惯。从此，褶裤服流行，中国男子服装开始由上衣下裳制向上衣下裤制转变，促使"衣裳"连称而成为一个专有性名词。（图 4-2-8）

魏晋之时，以帽子流行为主要内容的头服变更似乎更为显著。后世传统社会中所流行的各种头服在此期间几乎一一问世，从而使魏晋期间的服饰呈现出更加五彩缤纷的趋势。考古资料表明，帽子作为一种首服，在 6000 余年前即已问世。在陕西临潼邓家庄新石器遗址中，曾出土过一件戴圆形、前高后低，顶部微尖，可能用野兽皮毛制成，较为厚实帽子的陶俑。不过，帽子作为一种被普遍使用的首服，直至汉代还没有在中原地区被普及，一般人很少戴用。因此，许慎《说文》谓，帽子，"小儿及蛮夷头衣也。"汉乐府《日出东南隅行》也说："少年见罗敷，脱帽著帩头。"

图 4-2-8　东晋穿上俭下丰服装的陶俑。（采自周汛等《中国历代服饰》）

这种局面到到魏晋便有所改观，戴帽子已呈现为较普遍的态势。如著名隐士管宁在家就经常戴皂帽。吴主孙权曾赏赐大将朱然御织成帽。当陆逊击败曹休所率大军之后，凯旋时孙权也曾脱下自己所戴的翠帽给陆逊戴上。魏明帝曹睿也曾著绣帽以接见大臣杨阜。晋代名士王濛的帽子破了，想到集市上买一顶新的，一位女子见到王濛帅得出奇，便将一顶新帽子赠送予他。这些都说明，帽子在魏晋之时再也不单单是小儿及边远地区民众的服饰，已经成为一种自宫廷到民间的大众化服装。只是，帽子在此时还不是一种正式服装。因此，杨阜见曹睿著帽时加以劝谏，认为这是一种不合礼仪的行为，指责这不是帝王接见大臣所应该戴的服饰。

魏晋南北朝期间的帽子，式样繁多，除圆帽、方帽和高屋帽外，还有卷荷帽、白纱帽、乌纱帽、合欢帽等多种式样。对此，《晋书·舆服志》云："江左时野人已著帽，人士往往而然，但其顶圆耳，后乃高其屋云。"（图4-2-9）

图4-2-9 西晋戴风帽瓷俑。（采自陈高华等主编：《中国服饰通史》）

纱帽当是各式帽子中的佼佼者。纱帽的出现，不仅使帽与冠在形制上的差别减少，而且使帽与冠不再具有地位上的高下之分，导致两者之间有时甚至被混淆在一起。据说，庾弘远随陈显达起事，兵败之后被判处极刑。临刑之前，他"索帽著之，曰：子路结缨，吾不可以不冠而死。"庾弘远临死也不忘子路正冠而悲壮殉节的故事，但是，他却把冠与帽混为一团了。

显然，纱帽是在接受北方游牧民族以御寒为主要功能的帽子之后而于南北朝初期兴起在南方地区的，到后来才逐渐在北方上层社会中流行起来。与游牧民族的帽子不同的是，纱帽的主要功能在于束发和装饰容貌，因而形制更加趋向多样化。以颜色而论，纱帽主要有白纱帽和乌纱帽两种。以形制而论，纱帽花样繁多，"或有卷荷，或有下裙，或有纱高屋，或有乌纱长耳"，充分显示了南方服饰花样繁多的特点。白纱帽和乌纱帽不仅制作材料的颜色不一，而且被用于不同的阶层。白纱帽，又名"高顶帽"，上部较高，主要供皇帝在宴席起居时使用，并成为皇帝的标志之一。据说，南朝梁时，"帽自天子，下及士人通冠之，以白纱者名高顶帽，皇太子在上者则乌纱，在永福者则白纱，又有缯皂杂纱为之，高屋下裙，盖无定准。" 这表明，当时以戴白纱帽为尚，当是最高统治者所戴首服。

传说，侯景叛乱之时，自立为王，上朝时便戴白纱帽，但穿的仍然是青色袍子，有时甚至以牙梳插髻。有一次，仓促之间，侯景上朝时仍然戴着乌纱帽，情急之中把鞋子都跑丢了，光着脚丫来到庙堂之上。坐定之后，一位大臣才服侍侯景穿上王应该穿的衣服，戴上王应该戴的白纱帽 。南朝宋明帝刘彧与刘休仁等发动叛乱，杀死前废帝，"于时事起仓卒，上失履，跣至西堂，犹著乌帽。坐定，休仁呼主衣以白帽代之，令备羽仪" 。大臣著白纱帽较少见。仅有南齐垣崇祖在抵御北魏军队时，曾著白纱帽，肩舆上城，指挥部下击败魏军 。乌纱帽在南朝则士庶通用之，无分贵贱，且式样时有变化。北朝仅在社会上层使用，且有不少规定。如北齐即规定：皇宫之中，只有皇帝可以戴乌纱帽，官员仅是在府邸接待宾客时可以戴乌纱帽 。（图4-2-10）

至于魏晋期间百姓所戴的帽子被称为"合欢帽"，则是一种用两块面料合缝于中央，顶为圆状的便帽，只是百姓厌恶战乱，才有了合欢帽这样一个吉祥的名字。（图4-2-11）

图4-2-10 西晋戴圆形帽陶坐俑。（采自陈高华等主编：《中国服饰通史》）
图4-2-11 北魏戴小冠或合欢帽，穿褶衣缚裤乐人俑。（采自黄能馥等主编：《中国服饰艺术源流》）

魏晋期间，北方地区流行的帽子当为鲜卑帽。顾名思义，鲜卑帽源于鲜卑族，是随鲜卑族的内迁而传入中原的。鲜卑帽为圆顶，帽的前沿位于额部，在脑后及两侧皆有垂至肩部的垂裙，又称"突骑帽"、"长帽"、"风帽"、"大头垂裙帽"等，特点是与人头部曲度大体一致。在魏孝文帝改革服制时，鲜卑帽逐渐被冠冕等汉族传统服饰所取代。但到北朝后期再度流行，曾一度成为西魏、北周官员上朝及宴会时所穿戴的正式服装。鲜卑帽之所以再度流行，原因当在于北方边镇军人的掌权而引起服饰文化的回潮。

鲜卑帽的垂裙，主要作用在于遮挡风沙。不过，有的人则用鲜卑帽来修饰仪容，遮盖自己容貌上的弱点。据说，北周创建者宇文泰即曾利用鲜卑帽的垂裙遮过丑。宇文化泰脖子上长有一个肉瘤子，有碍他的形体之美。为防止他人看见，平日里宇文泰轻易绝不摘下他那宝贝疙瘩般的帽子，即使在谒见皇帝时也不例外，目的不在于其他，而是利用鲜卑帽原本用于遮蔽风沙的垂裙来遮盖他脖子上那个令人心烦的瘤子。没想到，他的这一习惯被部下所效法，很开成为一种社会风尚，"故后周一代，将为雅服，小朝公宴，咸许戴之"。（图4-2-12）

披风的主要功能在于防御风沙，是兴起于北方游牧民族的一种服装，又被称为"斗篷"、"假钟"等。之所以被称为"假钟"，是在于这种服装的形制如同覆钟一样。魏晋南北朝期间，披风当是北方地区一种较为流行的服装，因而在考古中多有发现。河北景县封氏墓群、洛阳北魏元邵墓、陕西咸阳北周拓跋虎夫妇墓等，皆出土有穿披风的陶俑。但是，这种服装在南方地区则

图4-2-12　现藏加拿大多伦多皇家博物馆的北魏武士穿大口缚裤、戴鲜卑帽、披明光铠，文士穿长襦及大口缚裤、戴小冠的彩绘陶俑。（采自《中华历史文物》）

被视为一种非正式服装。据说南朝刘宋时曾上书抨击服饰奢侈之风的周朗，其后代周弘既是一个以简朴为荣的人，也是一个对于北方游牧民族服装敢于接受的人。周弘正年少时，曾到开善寺去听法师讲演。他"著红　，锦绞髻，踞门而听，众人蔑之，弗谴也。既而乘间进难，举坐尽倾，法师疑非世人，觇之，大相赏狎。刘显将之寻阳，朝贤毕祖道。显县帛十匹，约曰：险衣来者以赏之。众人竞改常服，不过长短之间……既而弘正绿丝布绔，绣假种，轩昂而至，折标取帛"。周弘正所穿"假种"，即为形似披风的"假钟"。这种被称之为"险衣"的"假钟"，是一种没有袖子、通常以质地

较厚的布帛做成的夹衣，中可絮绵，领口较紧，下摆宽大的斗篷。（图 4-2-13）

魏晋南北朝时期不受礼俗限制而出现了褒衣博带式服装和汉服的胡化与胡服汉化的双重融会，使服饰向着更为开朗、欢快、绚丽、健康和多变的方向发展。魏晋以前，百姓与商人的衣服基本为单一素色。魏晋以后，服装颜色千姿百态，争奇斗艳，"朱紫玄黄，各任所好"。东吴自孙休之后，"衣服之制，上长下短，又积领五六而裳居一二"。到东晋元帝太兴年间（318～321），"时为衣者，有上短，带至于腋"。因此，东晋人葛洪才有"丧乱以来，衣物屡变。冠履衣服，袖袂财制，日月改易，无复一定，乍长乍短，一广一窄，忽高忽卑，或粗或细，所饰无常，以同为快，其好事者，朝夕仿效"之叹。如此记载，既是服饰对于个性追求潮流的一种描述，也是对领悟五彩斑斓服饰之美的一种宣泄。大概正是因为如此，北魏时的杨椿才告诫他的子孙："汝等后世，丈夫好服绿色。吾虽不记上谷翁时事，然记清河翁时服饰，恒见翁著布衣韦带，常约敕诸父曰：汝等后世，脱若富贵于今日者，慎勿积金一斤、綵帛百匹以上，用为富也。"（图 4-2-14）

图 4-2-13　北朝戴鲜卑帽、穿小袖衫、披斗篷的官吏陶俑。（采自周汛：《中国历代服饰》）

图 4-2-14　山东高唐房悦墓出土魏晋梳双丫髻，穿宽袖短衣的女陶俑。（采自周汛：《中国历代服饰》）

魏晋之世服饰文化大融合所带来的争奇斗艳时代特点，在女子服饰上显得更为鲜明。东汉之时，女子服装式样一般以宽博为尚。南北朝时，妇女的服装仍带有宽博大的特点。南朝梁时，简文帝有一首《小垂手》，其中说道："且复小垂手，广袖拂红尘。"吴均有首名为《与柳恽相赠答》的诗，其中也说："纤腰拽广袖，半额画长蛾。"可见，

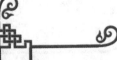
南朝妇女服装的主流还是以宽大为标志的。（图4-2-15）

但是，与此不同的是，在中原地区，自西晋之时开始，女性服装在"胡化"倾向的影响之下即出现了以"厌腰"为特征的时髦性特点。这类上衣短小而下裳宽大的服装，甚至在下层社会的女性中都很流行。妇女裙围之中常常配以两条或数条飘带，走起路来，飘带随风飞舞，如燕翻飞，更加轻盈迷人。（图4-2-16）此外，帔子、坎肩等北方少数民族服装的被作为女性便服，从而使女性服装更加趋向多样化。

更值得注意的是，伴随异域文化的传入，魏晋时期中原地区服装的"胡化"绝不单单是中国境内少数民族服饰文化对于中原地区服饰的影响，而是将中亚西亚以及南亚次大陆的服饰

图4-2-15　常州戚家村出土南朝穿交领大袖衫、长襦间裙，笏头履画像砖。（采自《中国古代妇女妆饰》）

文化都开始被纳入对中国服饰文化加以影响的因素之中。魏晋期间，佛教开始在中国得到广泛传播，不仅佛教所提倡的莲花、忍冬等纹饰开始大量出现在服装面料与饰物之中，而且佛教壁画中所宣扬的薄衣贴体式服饰也

使中国人开始首次领略到服饰文化中所包含的薄、透、露的神韵。加之，诸如"兽王锦"、"串花纹毛织物"、"对兽对鸟纹绮"、"忍冬纹毛织物"等波斯萨珊王朝的面料和织绣图案沿丝绸之路的东来，使魏晋南北朝期间服饰文化能够从更为广阔的空间中汲取丰富的营养，不仅为其自身的发展奠定了基础，也为隋唐服饰的绚丽多姿开启了先河。

图4-2-16　北魏穿窄袖小衫、外罩半袖衫，系拖地长裙的供养人形象。（采自黄能馥等主编：《中国服饰艺术源流》）

第五章

兼容并蓄，绚丽多姿的唐装之美

第五章
兼容并蓄，绚丽多姿的唐装之美

　　盛唐时代，是为每个中国人都为之自豪的时代。盛唐文化是一种世界性文化，盛唐服饰，也是一种承上启下，博采众长的世界性服饰。绚丽多姿的唐装宛如一朵昂首怒放、光彩无比的瑰丽之花，装扮了中国封建社会的鼎盛，也为中国服饰文化留下了灿烂的篇章。直至现在，中国人仍然在津津乐道绚丽多姿的唐装，并把唐装当做中国传统服装而加以渲染。

1. 紫服赤衣，朝野并见

　　隋唐时代，是我国服饰发展的重要历史时期，既是一个表现为官府对于服饰的规范日趋完备的时期，又是一个民间服饰逐渐开放、各种禁忌与规范的藩篱不断被突破，服饰日趋繁华和毫无禁忌的时期。规范便是统一，是禁锢。突破即是反禁锢，伸张个性化。在禁锢与反禁锢之中，隋唐时代的服饰赢来了一个从未有过的灿烂岁月。（图5-1-1）

　　隋唐礼服制的一个最大特点，是制度完备，但繁文缛节，难以得到应用。隋代，尽管刚刚建立之初即对服饰制度做出众多规定，尤其是隋炀帝所颁布的《衣服令》，对上自皇帝，下至黎民的服饰予以详细规定。但由于这个王朝是

图5-1-1　唐《乐舞图》中的舞女。（采自陈高华等主编：《中国服饰通史》）

一个短命的王朝，更由于所制定的礼服制异常繁缛，难以付诸实践，仅是徒具形式，备而不用而已。在实际生活中，隋朝礼服制度主要还表现在以服装的颜色来区别身份高低上。自隋炀帝开始，即规定："五品已上，通

着紫袍，六品已下，兼用绯绿"。大业
六年（610年），隋炀帝即下诏："从驾
远涉者，文武官等皆戎衣。贵贱异等，
杂用五色"。这就是说，自隋代开始，
服饰制度更多的是强调用不同的颜色来
区分高低贵贱，而不是以繁缛的冠服制
来体现等级的差别。（图5-1-2）

　　唐代礼服制度也形同虚设，并开始
将常服也纳入了规范之列。尽管，唐王
朝曾多次颁布《衣服令》，但自唐太宗
开始，即出现"朔望视朝以常服及白练裙、
襦通著之"的现象。到玄宗时，除衮冕
及通天冠还用于重大礼仪性场合外，"自
余诸服，虽著在令文，不复施用"。到
晚唐时，连衮冕和通天冠也退出实用行
列，成为具文。唐德宗登基受朝之时，
本想以冕服驾临宣政殿，但一阵暴雨把
这位打扮庄严的皇帝淋成个落汤鸡，于
是"以常服御紫宸殿"。到唐文宗时，

图5-1-2　隋代戴介帻、穿大袖衫及
两裆的文吏彩绘瓷俑，河南隋张盛墓出土。
（采自周汛等：《中国历代服饰》）

常服受朝已成惯例。他以常服御宣政殿受贺，并郑重其事地宣诏大敕天下，
改元开成。登基即位，大临天下，是封建时代最为隆重的典礼。在这种场
合中，新一代大行皇帝竟然穿戴常服出现在百官面前，说明唐时代礼服如
同隋代一样，都呈现出一个逐渐衰落并让位于常服的趋势。大概，正是在

图5-1-3　从隋文帝与唐太宗
的画像中，似乎能够领悟到隋唐礼
服衰落的神韵。

这种趋势之中，常服才被纳入服制范畴之中，
从而使隋唐的服制成为囊括礼服与常服两种
服饰的制度。（图5-1-3）

　　可能，基于常服被纳入服制之列，从而
使唐代的官服呈现为简化的状态。唐代男子
的主要装束，式样较为单一。头戴幞头，身
穿圆领袍衫，脚登乌皮六合靴，当为唐代男
子的主要着装。这身着装既潇洒飘逸，又不
失英武之气，是汉代以来中原与北方少数民

族服装相互融合而产生的一套服式。唐代官服即是在此种常服的基础上，通过对汉代以来的袍服加以改造而成的。唐官服的领口、袖口及衣裙边缘之处施加贴边，前后身皆为直裁，前后襟下缘各用一整幅布横接成横。衣袖有直袖与宽袖两种。直袖紧窄，便于活动，显得干练灵活；宽袖肥大，显得潇洒华贵。（图5-1-4）

虽然，服色制度在隋唐服饰制度中占有最为显著的地位，但由于隋唐服色制度并不严密，从而导致一系列问题的发生。其中，最为显著的便是黄色服装的应用。

黄色服装，在隋唐初年，是任何人都可以使用的一种颜色。隋代所出台的有关服色制度规定，平日里，"百官常服，同于匹夫，皆著黄袍，出入殿省"。至贞观年间，尽管规定三品以上服紫，五品以上服绯，六、七品服绿，八、九品服青，但仍规定"仍通著黄"，即以黄色为通用色。（图5-1-5）

图5-1-4　莫高窟唐同光三年戴幞头、穿圆领袍衫供养人形象。（采黄能馥等主编：《中国服饰艺术源流》）。

图5-1-5　唐韩滉《文苑图》（局部）中的官吏。（采自李斌城主编：《唐代文化》）

到唐高宗时，有一件事才引起皇帝的注重，不得不强化有关服色制度的制定。上元元年（674），一天夜间，洛阳尉柳延穿黄色衣服外出。夜色中，是难以分辨颜色的。即使分辨出颜色，柳延也可能被当成是一介百姓。结果，柳延的部下把他当成了老百姓，没事找事地毒打了一顿。这件事轰动了朝野，连皇帝高宗也大为震惊。为此，高宗下诏，重申按服色来区别不同身份的意义，并将黄色规定为皇帝的专用颜色，"朝参行列，一切不许著黄"，"禁士庶不得以赤黄为衣服杂饰"。这样，皇帝服赭黄，官阶高者衣紫衣绯，

图5-1-6　西安西郊出土唐彩绘文官俑。（采自李斌城主编：《唐代文化》）

官阶低者着绿着青，皇帝独尊，官阶高低，一目了然。这种服色格局，被后世所沿用，一直影响到中国封建社会的结束。（图5-1-6）

自中唐开始，赭黄成为皇帝御用颜色已是一种社会常识和民众的潜意识。对此，《旧唐书·舆服志》谓："武德初，因隋旧制，天子燕服，亦名常服，惟以黄袍及衫，后渐用赤黄，遂禁士庶不得以赤黄为衣服杂饰。"在唐朝诗人中，动辄即吟"觚棱金碧照山高，万国珪璋赭黄袍"，"六宫争近乘舆望，珠翠三千拥赭黄袍"，便是一种例证。（图5-1-7）

图5-1-7 唐高祖李渊画像。

其他人若是服用赭黄色服装，则被视为大逆不道的行为。唐德宗时，朱□叛唐自立，"身衣黄衣，蔽以翟扇，前后左右，皆朱紫阉官，宴赐拜舞，纷纭旁午"。

即使身为至尊的皇帝，在服用赭黄色服装时，也不得不慎重考虑。安史之乱发生后，唐玄宗逃离长安，避难成都，太子李亨在灵武即位，是为肃宗，天下出现了两个皇帝的局面。至德二载（757），肃宗把玄宗迎回长安。尽管，肃宗很想继续当那至高无上的皇帝，但国不可二主。于是，肃宗不得不装模作样，"释黄袍，著紫袍"，三跪九叩于楼下。作为老子的玄宗，虽然也想继续他的皇帝梦，但危难之际流亡蜀地的尴尬，使他不得不摆出一副让位于儿子的态势，"索黄袍，自为上著之"，并称天数、人心都已归于肃宗，自己只想颐养天年。于是，父子之间，演出了一场娇柔做作的双簧戏。实际上，这场双簧戏直到肃宗的儿子代宗时也还没有结束。代宗即位后，想把他的生母吴皇后祔葬于肃宗建陵，开启吴皇后墓穴时，发现"后容状如生，粉黛如故，而衣皆赭黄色，见者骇异，以为圣子符兆之先"。吴皇后的尸体和衣冠没有腐烂，这倒有可能。但将吴皇后身着赭黄色服装刻意渲染，认为这是一种承继大统的征兆，则是一幕有意杜撰出来让他人听的戏。显然，代宗是在利用赭黄色作为皇帝的御用颜色这种民众潜意识来为其巩固政权制造舆论。（图5-1-8）

图5-1-8 敦煌壁画所反映唐贞观年间君臣形象。

第五章

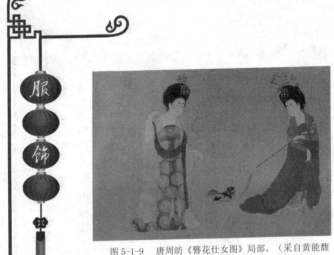

图 5-1-9　唐周昉《簪花仕女图》局部。（采自黄能馥等主编：《中国服饰艺术源流》）

黄色被规定为皇帝的御用颜色之后，任何人是不敢拿自己的生命作赌注，冒违犯天条之名而穿一身赭黄服装的。但是，其他颜色则不然。衣紫服绯，最多也是冒犯一下官吏的服色而已。因此，自唐高宗颁布《衣服令》后不久，诏令中就提到长安一般民众的服色违制现象，称"紫服赤衣，间阎公然服用"。这说明，爱美是人的一种天性，只要不涉及生命之虞，利用各种颜色的服装来打扮自己，使自我人生多一点美丽与精彩，也使世界多一些五彩缤纷与欢声笑语。（图 5-1-9）

不过，隋唐时代，下级官吏所服用的青色还是较为盛行的。在唐代，三品以上官员按规定服用紫色，四品、五品用绯色，六品、七品用绿色，八品、九品用青色。唐朝著名诗人白居易被贬为江州司马时，曾遇沦落于此地一个长安歌女，于是做了一首《琵琶行》，以表达同为天涯沦落人的心迹，其中说道："感我此言良久立，却坐促弦弦转急。凄凄不似向前声，满座重闻皆掩泣。座中泣下谁最多，江州司马青衫湿"。贾岛也是一位着青衫的小吏。为苦思冥想诗句，有一次他曾撞上了京兆尹刘栖楚的仪仗，结果被抓起来关了一天一夜。还有一次，他又闯进了京兆尹韩愈的仪仗队伍之中，幸亏，韩愈是一个爱惜人才的官员，这位穿青衫的小官才没有落个再次被拘禁的下场。

隋唐时代，在服色上僭越现象最为严重的是黑色。隋代服制，规定一般民众服色为黄色和白色，士兵服色为黄色。入唐之后，沿袭隋代民众服色为黄、白二色制度，但规定黑色为士兵服装的主要颜色。

这一规定，在唐代初期时可能还得到落实。唐太宗时，行幸蒲州，刺史赵元楷令"父老服黄纱单衣，迎谒路左"。在唐传奇《霍小玉传》中，描述长安一个侠客的服装说："衣轻黄苎衫，挟弓弹，丰神隽美，衣服轻华"。唐高宗时，刘仁轨在征辽期间统领水军，屡建战功，后来被免官，高宗"特令以白衣随军自效"。由此看来，"白衣"与"布衣"一样，也当是一

图5-1-10 加彩劳动妇女俑。（采自周汛等：《中国历代服饰》）

般百姓的代名词。（图5-1-10）

但是，自唐中期之后，黑色服装开始成为民众的主要服色。在唐人传奇《东城父老传》中，记载了一个老人所见便能说明这种转变。这个老人在开元盛世之时，在街市上所见卖白衫、白叠布者很多。有人禳病消灾需要一块皂布，四处求购，竟然不得，只得以幞头罗巾替代。但是，到元和五年（810）时，已近百岁的老人偶然出门，见街市之上服白色服装者不满百人，其余人皆服黑色衣服。老人被吓呆了，连连惊呼："岂天下之人皆执兵乎！"这说明，中唐之际，民众着黑色衣服已经成为一种时尚。因此，在后唐天成三年（928），朝廷不得不明确规定："今后庶人、工商只着白衣，今请县镇公吏及工商、技术，不系官乐人，通服皂白"。从此黑色最终如同白色一起被纳入平民服色之中。（图5-1-11）

图5-1-11 唐贴金石雕铠甲武士俑。（采自陈高华主编：《中国服饰通史》）

2．世界性开放与融合的风采

闻一多先生曾经说过："一般人爱说唐诗，我欲讲'诗唐'。诗唐者，诗的唐朝也。"

中国封建社会盛世唐朝是一个诗的鼎盛时代。唐朝诗歌的鼎盛，原因有多种。其中，服饰文化的瑰丽当是一个重要因素。

隋唐时代服饰文化的瑰丽，集中体现在女性服装上。有唐一代，女性服饰宛如一朵昂首怒放、瑰丽无比的玫瑰，在中国封建社会中，当是前无古人，后无来者的时代。

唐代女性服饰，主要有襦裙服、男服和胡服三大类。襦裙服主要为上着短襦或衫，下着长裙，佩披帛，加半臂，足登凤头丝履。披帛和半臂为襦裙装的点缀。半臂类似今日的短袖衫，因袖子长度在裲裆与衣衫之间，

图5-2-1 唐穿半臂、系长裙、披帛的女俑。（采自《中国女性塑像展》）

故名半臂。披帛，由狭长帔子演变而来，逐渐成为披于双肩、舞于前后的一种飘带，长者可绕于臂弯，垂曳而下，行走时随风飘动，宛如飞天，飘忽欲仙。中晚唐时，女性中还流行过一种薄如蝉翼的纱罗衫，穿时不着内衣，胸脯、臂膀隐约可见。如此纱罗衫充分体现了某些服饰薄、透、露的功能，集中反映了盛唐之时女性服饰所具有的开放、大胆的特征。（图5-2-1）

唐代，裙子更加装扮了女性的妩媚。据说，唐代裙子花色与式样的变更，与一代女皇武则天关系密切。武则天是中国历史上惟一女皇，也是惟一一位穿裙子的皇帝。这位在唐太宗时被召入宫的女人，太宗死后便被打入冷宫。后来，武则天又得宠于唐高宗，被重新召入宫内，先拜为昭仪，后废掉王皇后而登上皇后宝座。高宗去世之后，武则天先后废掉中宗和睿宗两个皇帝，并于天授元年（690）称帝，国号为周。武则天是一位出色的政治家，不仅在朝政治理上具有独特的风采，即使在服饰文化上也卓有贡献。

传说，"裙子"的"裙"字，即是武则天创造的。武则天作为一国之君，曾有过造字之癖。她所创造的字，并不是随意的，每个字都有她自己的想法在其中。武则天当皇帝之后，不仅对于裙子这种服装格外垂青，而且在"衣"字旁加一个"君"字，从而创造出代表女性皇帝服装的"裙"字。据说，唐代曾盛行的又宽又长的红色女长裙便是由武则天这位女皇所设计的。有资料表明，武则天当政之时，人们的审美观是以胖为美。武则天是一位胖女人，当上皇帝之后，更加心宽体胖，如果穿上下摆较小的裙子，走路时丝绸面料摩擦之声"咝咝"作响，很令她心烦。为此，她令宫人用红色丝绸做成宽大长裙，穿在身上飘飘欲仙，显得这位女皇更加妩媚。不过，裙子面料摩擦时所发出的"咝咝"之声虽然轻了许多，但仍然依稀可辨，不时传入耳间。正当武则天为此而心烦之际，一阵微风吹过，传来皇宫中殿阁飞檐上所挂铜铃如同音乐一般的叮铛之声。武则天灵机一动，便命宫人在自己的裙子之上点缀几个小铜铃。从此，裙子面料摩擦时所发现出的"咝

图 5-2-2 莫高窟第 156 窟唐代壁画《宋国夫人出行图》（局部）中系长裙于胸部乃至腋下的女性形象。（采自李斌主编：《唐代文化》）

哒"之声便被铜铃叮铛作响所替代，不仅红色长裙开始流行宫内外，而且裙子之上悬挂饰物也成为一种时尚。（图5-2-2）

在唐代，红色为女性裙子的主色调。特别是年轻女性，更以艳红色罗裙打扮自己。因红裙的颜料主要为石榴花，故裙子也被称为"石榴裙"。在女皇武则天的《如意诗》中，即有"不信比来长下泪，开箱验取石榴裙"之句。

后来，"石榴裙"便成为妇女的代名词。至今，还有"拜倒在石榴裙下"的比喻。除此之外，茜草也是红裙的一种颜料，故红裙又被称为"茜裙"。至于裙子长度和宽度，较前代也有所增加。曳地长裙为当时最流行的裙子。因此，唐诗中常见如孟浩然《春情》中所说"坐时衣带萦纤草，行即裙裾扫落梅"之类的诗句。裙子的宽度大多用六幅布帛拼制，故有"裙拖六幅湘江水"之喻。

如此薄、透、露之短襦，宛如飞天的披帛，以及宽大曳地的长裙，将唐代妇女装扮得更加飘逸、潇洒和妩媚。难怪唐玄宗李隆基一见穿着袒领罗衫，粉胸半掩，长裙曳地，钗环叮咚的杨玉环，骨头酥了，魂魄也没了。自此之后，唐玄宗和杨贵妃"云鬓花颜金步摇，芙蓉帐暖度春宵。春宵苦短日高起，从此君王不早朝。承欢侍宴无闲暇，春从春游夜专夜。后宫佳丽三千人，三千宠爱在一身"。（图5-2-3）

唐代女性服装开放的一个重要标志便是女着男装。据说，在武则天年幼之时，著名术士袁天纲曾为她看过相。当乳母把穿着男孩服饰的武则天抱过来后，袁天纲即说："此郎君子神色爽彻，不可易知，试令行看"。于是，让武则天走了走，又让她抬起头来，袁天纲

图 5-2-3 莫高窟 156 窟穿宽袖衫、曳地长裙的供养人形象。（采自黄馥能等主编：《中国服饰艺术源流》）

更是大惊,说:"此郎君子龙睛凤颈,贵人之极也。"再让武则天转过身来从侧面看一下,袁天纲大惊失色,说:"必若是女,实不可窥测,后当为天下之主矣。"当然,此为术士之传说,不足为凭,但其中所反映的自唐代初年起,女着男装的现象即已出现。(图5-2-4)

又一则故事谓:有一次,唐高宗在皇宫内设宴,太平公主为高宗和武后舞蹈娱乐,着一身"紫衫、玉带、皂罗折上巾,具纷砺七事"。折上巾即是幞头。显然,太平公主穿着的是武将服装。高宗问道:"女子不可为武官,何为此装束?"由此看来,高宗对于当时已经流行的女着男装风俗还不太清楚。

图5-2-4 西安出土唐女扮男装石刻摹本。(采自周汛等:《中国历代服饰》)

到唐玄宗时,女着男装风俗更为流行。"士流之妻,或衣丈夫服,靴衫鞭帽,内外一贯矣"。代宗大历年间(742~756),李华在晚年写给外孙的信中回忆说:"吾小时,南市帽行貂帽多,帷帽少,当时旧人,已叹风俗。中年至西京市,帽行乃无帷帽,貂帽亦无。男子衫袖蒙鼻,妇人领巾覆头,向有帷帽、幂离,必为瓦石所及。此乃妇人为丈夫之象,丈夫为妇人之饰,颠之倒之,莫甚于此。"(图5-2-5)

迄至中晚唐时,女着男装风气并未减弱。元稹在《赠刘采春》诗中说:"新妆巧样画双娥,慢裹恒州透额罗。正面偷轮光滑笏,缓行轻踏皱文靴。"元稹所描述的刘采春,是穆宗长庆年间(821~824)浙东一个著名的歌伎,其装束完全是一个男子的服装。在陕西永泰公主墓前室东壁壁画的16位女子中,即有4位是女扮男装者。其中,左第五位手拿包袱的宫女,穿圆领黑色长袍,足蹬男鞋,着长裤,系腰带,干练之中透露出几分女性的英姿。左边第七位宫女,小生打扮,头戴皂纱软巾,身穿翻

图5-2-5 唐代女扮男装石刻与俑摹本。左起分别为永泰公主墓石椁线刻图、韦洞墓石椁线刻图、薛敬墓石椁线刻图和洛阳出土唐女子打马球骑俑。(采自陈高华等主编:《中国服饰通史》)

领袄，着长裤，妩媚之中流露出男子的刚健。在雕塑之中，也多见女着男装的作品。上海市博物馆所藏"调鸟俑"，头裹软巾，身穿翻领胡服，足蹬小靴，外表颇似纨绔子弟，但其面容秀丽，头后蓄有长发，女性特征依稀可辨。（图5-2-6）

甚至，连唐代皇帝对女扮男装风气情有独钟。唐武宗既宠爱王才人，又喜欢射猎。这位皇帝经常令王才人穿上与自己一样的服装，前去禁苑围猎。"左右有奏事者，往往误于才人前，帝以为乐"。王才人竟然将皇帝的服装穿在身上，可见当时"女扮男装"几乎不受礼法的限制，已经到了肆无忌惮的地步。

如果说女扮男装，还是女子希冀多一点男子气而显得更加潇洒英俊的话，那么，唐代男着女装则是一种带有贬低乃至侮辱性味道了。隋朝末年，炀帝派将军陈棱征伐杜伏威。陈棱本性怯弱，不敢出战。杜伏威派人送去女人的服装，并在信中称他为"陈姥"。这一激将法果然凑效，陈棱怒而出战，结果大败而归。

图5-2-6 穿翻领胡服调鸟三彩俑。（采自黄能馥等《中国服饰艺术源流》）

图5-2-7 唐晋昌郡太守乐廷寰夫人《行香图》中的女性化男子形象。（局部）（采自李斌城等主编：《唐代文化》）

历史文献中这类事例不少，恐怕唐代诸如李华所说"夫为妇人之饰"的现象并不在于此，而是男子羡慕女性服装之美的一种结果。（图5-2-7）

同样，在唐代上流社会中，所出现的男男女女皆以名香熏衣风俗，也当是先在女子中流行，后才被男子所采用的一种服饰风俗。盛唐之时，长安少年衣熏异香甚至成为一种高贵者的标志。对此，李廓《长安少年行》诗谓："金紫少年郎，绕街鞍马光。身从左中尉，官属右春坊。划戴扬州帽，重熏异国香。" 显然，这也是纨绔子弟刻意追求标新立异的一种表现。

当然，也有的人在于以名香熏衣的方式来显示自己的高贵和富有。据说，元载本来家中很穷，他的妻子是宰相王缙的女儿。因此，元载被王氏亲属所鄙视，将他们夫妻视为叫花子，侮辱有加。为此，元载的妻子鼓励丈夫刻苦读书，终于功成名就，成为当朝宰相。为显示自己的高贵和富有，元载的妻子"以青紫绫四十条，每条长三十丈，皆施罗绮锦绣之饰，每条下排金银炉二十枚，皆焚异香，亘其服"。

因此，在这股风气之中，那些无意随波逐流的男子以朴素服饰为饰物便被视为出污泥而不染的君子。据说，柳仲郢是个"以礼法自持"的洁身自好者。他"私居未尝不拱手，内斋未尝不束带。三为大镇，厩无名马，衣不熏香。退公布卷，不舍昼夜"。看来，这应该是一位不为熏衣之风所污染的廉洁官吏。（图5-2-8）

与名香熏衣风俗仅在上层社会流行相比，隋唐时代服装的胡化倾向则是普遍存在，并对后世服饰发展产生重要影响的第三种开放性服饰风俗。

大唐时代，不仅是中国封建社会历史中又一个大一统的时代，而且是一个最高统治者并不带有歧视和压迫弱小民族恶劣秉性、拥有将自己视为四海之君博大胸怀的时代。如此将国家和民族水乳交融在一起意识和包含天下的恢弘气度，所显示的并不仅是皇帝的开明与豁达，还透露出中国文化所包含的天人合一观念的神韵。正是在这种时代的琼浆玉液滋润之下，唐代出现了一种力度更为深刻的汉服胡化倾向。

唐代胡服是一个很宽泛的概念，并不单单包括中华版图之内的鲜卑、突厥、回纥、吐蕃等民族的服装，而且还包括中亚乃至南亚次大陆等民族的服装文化对唐代的影响。羃离这种服装当是从中亚伊斯兰教地区传来的一种服饰。羃离，本

图5-2-8 唐长安东郊出土穿翻领胡服彩绘官吏俑。（采自周汛等：《中国历代服饰》）

是一种以布帛制成的可将头、脸及全身掩盖的长巾，在隋代即已传入我国。隋文帝时，秦王俊擅长于工巧，曾亲手为他的妃子作七宝　离，以至于"重

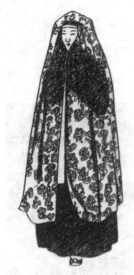

图 5-2-9　戴羃离的唐代妇女。（采自《朝鲜服饰·李朝时代之服饰图鉴》）

不可戴，以马负之而行"。"武德、贞观之代，宫人弥马者，依（北）周礼旧仪，多着羃离，虽发自戎夷，而全身障蔽"。

最早能够反映唐代女性服装胡服化的风俗，便是隋唐初年在上层社会妇女中出现的戴羃离现象。羃离这种服饰周围垂下很长的网帷，可以将骑在马上的妇女全身遮蔽起来，既可遮挡尘土，又能避免路人窥视。这种服饰伴随贞观年间的对外交往的扩大而兴盛，逐渐成为贵妇人乘车骑马时遮挡风尘的一种装束。（图 5-2-9）但是，到唐高宗时，因缺乏宗教信仰的支持，唐初曾盛行一时的羃离便迅速被帷帽所替代。到天宝年间，甚至连帷帽也逐渐被抛弃。女子乘马，任凭天然面貌暴露，纵马驰骋，更显女性风姿。

继羃离之后，帷帽便成为女性一种重要的服饰。帷帽"拖裙到颈，渐为浅露"，是由羃离演变而来的一种女帽。两者的区别，在于羃离网帷长，可遮蔽全身，而帷帽仅及颈部。（图 5-2-10）

不过，在某些必要的时候，帷帽同样也能够遮蔽面颜。据说，生活在武则天年间的张元一是一位非常善于讽刺人的官吏，挖苦起人来入木三分。与他同时的河内王武懿宗形貌丑陋，朝野无人不知。武懿的妹妹、静乐县主长的也不怎么样，比他的哥哥实在好不了多少。有一天，静乐县主与武则天并马而行，

图 5-2-10　新疆吐鲁番阿斯塔那唐墓出土戴帷帽骑马女俑。（左、右图分别采自周汛等：《中国历代服饰》及李斌城主编：《唐代文化》）

张元一在旁陪伴。武则天令张元一作首咏静乐县主的诗。张元一不假思索，顺口吟道：

　　　　马带桃花锦，裙衔绿草罗。

　　　　定知帏帽底，仪容似大哥 。

图 5-2-11　左图唐三彩戴胡帽骑马女俑，陕西礼泉兴隆村李贞墓出土（采自黄能等主编：《中国服饰艺术源流》）；中图西安灞桥出土戴胡帽彩绘女骑俑（采自李斌城等主编：《唐代文化》），右图戴胡帽、穿翻领胡服骑马俑（采自周汛等：《中国历代服饰》）

　　可见，帏帽还具有遮蔽颜面的性能。还带有幂篱的一些特点。

　　到胡帽问世后，帏帽的网帏便尽行去掉，女性的靓妆俊容便一泻无余地展现在人们的面前。（图 5-2-11）

　　从幂篱到帏帽，再到胡帽，网帏由遮蔽全身到仅在必要时遮蔽脸面，再到容颜全露，幂篱这种外来服饰所经历的这番被消化过程，也整整与唐代服饰开放的历程相一致。当帏帽流行时，唐高宗还在诏令中予以谴责，认为"过于轻率，深失礼容，自今以后，勿使如此" 。但到唐玄宗时，时间仅过了半个多世纪，诏书中又说：女子"帽子皆大露面，不得有掩蔽" 。由此看来，金口玉牙的皇帝也属于说话不算数的一类。

　　实际上，唐代皇帝也不得不承认，在胡服影响和冲击之下，基于各种社会因素所形成的审美观也在随时发生着变化。在胡服冲击之下，女性服饰开始向薄、透、露的方向发展，宽袖或无袖襦衫、婀娜多姿的裙子，以及随风飘舞的披帛便则成为贵族妇女展示女性美的主要服饰。因此，不仅诸如"胸前瑞雪灯斜照" ，"慢束罗裙半露胸" ，"粉胸半掩凝晴雪" ，"血色罗裙翻酒污" 等刻意描述女性形体美的诗句成为唐诗的重要内

容，而且飘然若仙、形如飞天的绘画形象也成为盛唐绘画女性的模特。（图5-2-12）

图5-2-12 新疆库木土勒16号窟壁画飞天。（采自李斌城等主编：《唐代文化》）

图5-2-13 唐裹幞头、穿翻领胡服三彩骑士俑。（采自周汛等：《中国历代服饰》）

而且，在唐代，着胡服既不是什么罕见现象，也不是女性服饰变化所独有的一种开放风俗，男子穿胡服、着胡装同样较为普遍。传入中原的西域胡服，主要特征表现为翻领、窄袖、对襟和紧身等。在这方面，地下出土的大量穿胡服的男俑完全可以作为例证。（图5-2-13）这些戴胡帽、穿翻领胡服的男俑，好似在诉说着一曲清醇的歌：开放的时代，对于男女来说，都是同样能够带来醇美的琼浆玉露！

第六章

内秀柔美与剽悍实用的赞歌

第六章
内秀柔美与剽悍实用的赞歌

　　宋元时代，既是一个中国工商业发展的时代，也是一个民族文化冲突与融合的时代，还是一个程朱理学兴起并逐渐统治人们的思想的时代。在这样一个特殊的时代氛围中，服饰文化既趋向质朴、简洁的内秀之美，又向着民族服饰文化再一次大融合的方向发展，从而使游牧民族剽悍的性格在服饰文化中得到充分的体现和反映。

1. 两宋：服饰民众化与民族化交响乐

　　两宋时代，不仅是门阀世族最终退出政治舞台，庶族地主成为时代旗帜的时代，而且是中国又一次民族大融合的时代，是北方民族对中国的政治产生重大影响的时代。这种政治格局的变化，必然影响到中国服饰的趋向，从而使宋代成为一个服饰风尚既表现为简朴与奢侈交替出现，又呈现为民众化倾向和民族化特征表现得非常鲜明的时代。

　　赵匡胤从通过"陈桥兵变"、黄袍加身而登上皇位那时起，面对百废待兴的社会现实，一切从简，服饰"质任自然，不事矫饰"。他不仅经常穿着洗涤再三的旧衣服，而且服装皆为

图 6-1-1　宋佚名《阙坐图》。（采自陈高华等主编：《中国服饰通史》）

素色，从不讲究华丽。有一次，他的女儿、魏国长公主曾穿着以翡翠羽毛编织成的华贵衣服前去见他。赵匡胤立即叫女儿将衣服脱下来，并用严厉的口气告诫她今后再也不准穿这样的衣服。宋太祖赵匡胤的女儿老大不高

兴，争辩说："此用翠羽几何？"赵匡胤说："但恐宫闱戚里相效，小民逐利，即伤生寝广，实汝之由！" 宋太祖建隆三年（962）规定，宫内妇女不得穿着绫缣五色华丽衣服。（图6-1-1）

不过，到宋真宗时，服饰奢侈之风日甚一日。当时，北宋京师开封和南宋京师临安，是影响两宋服饰变化最为重要的地点。宫内服饰式样一旦传出，不仅官宦富贵之家仿效，甚至连民间也都追逐和仿效，形成了两宋服饰风潮由宫闱服装样式来领导的特点。在两宋时代，宫闱服饰式样被称为"内样"，一旦传出，市井间里争相模仿。传说，著作郎高清，"被服如公侯之家"。大中祥符九年（1016年），高清因获罪而被抄家，所抄的衣服多"有侈靡违禁者"。

图6-1-2 宋佚名《折槛图》中的服饰。
（采自陈高华等主编：《中国服饰通史》）

宋仁宗之后，民间服饰愈制的现象更是屡见不鲜。徽宗宣和年间，妇女中流行一种发髻高耸、衣衫宽博的装束，时称"宣和妆"，即是从宫中传出而进入民间的。刘克庄在《北来人》诗中即说："凄凉旧京女，妆髻尚宣和。"又有一种"以鹅黄为腰围，谓之'腰上黄'"的装束，也是"始自宫掖，未几而通国皆服之"。陆游也说：宣和年间，亲王、公主及皇亲国戚，入宫时几乎都能得到"腰上黄"这种金带子式腰围的赏赐。得到赏赐者便在上面刻写自己的名字到街市上出卖，价格为1500钱。这样，即使兵弁、屠户和小商小贩，只要有钱便能买到"腰上黄"。方腊攻破钱塘时，在钱塘太守家中俘获的人中即有数十人着有"腰上黄"，而且皆是朱勔的家奴。因此，有谚语云："金腰带，银腰带，赵家世界朱家坏。" （图6-1-2）

只是，从皇宫中传出的服饰样式，大都仅带有奢侈浮华、繁缛奇特的特征，往往因缺乏方便性和实用性特征而风靡一时，影响难以深远。如宫廷妃子所戴垂肩冠，时人称之为"内样冠"，"至有长三尺者，登车檐皆侧首而入。梳长亦逾尺……若施于今日，未必不夸为新奇，但非时所尚而不售"。（图6-1-3）

南宋偏安江南之初，也曾一度崇尚服饰简朴，但不久即进入了上行下

图6-1-3 白沙宋墓壁画《梳妆图》中戴尖角头饰的妇女。（采自陈高华等主编：《中国服饰通史》）

效、奢侈有加的怪圈。孝宗朝，秦桧的儿子秦熺就曾穿过"黄蛤衫"，并说这是"贵贱所通用"的一种服装。因此，时人曾说："士大夫紫衫……四方皂吏士庶服之，不复有上下之别。且一衫之费，贫者亦难办。甲服而乙不服，人情所耻，故虽欲从俭，不可得也。"

不过，民间对于宫廷服饰的仿效主要在于制作服装的面料和颜色，以及如何打扮上。如宋代法律中有关于禁止民间佩戴珠翠的规定，都市妇女便以琉璃替代。"绍熙元年，里巷妇女以琉璃为饰……有诗云：京师禁珠翠，天下尽琉璃。" 即使农家女子，也模仿城中妇女的穿戴，以追求时髦。因此，毛珝《吾竹小稿·蓬门田家十咏》诗才云："田家少妇最风流，白角冠儿皂盖头"。（图6-1-4）

两宋时代此类现象的发生，导致服饰文化上呈现为两种重大社会风俗的变迁：一是等级严格的古代服饰制度开始不再被恪守，二是服饰的民众化倾向越来越明显。

尽管，宋代自太祖朝即制定了服饰制度，但是，这种旨在"士庶之间，车服之制，至于丧葬，各有等差" 的堤防自宋初即被冲开了缺口。太平兴国七年（982），就有诏书说："近年以来，颇成逾僭" 。自此之后，有关服饰上僭越的议论如同蝉鸣蛙噪，不时响彻朝野。仁宗时，张方平上奏："巾履靴笏，自公卿大臣以为朝服，而

图6-1-4 宋人绘《货郎图》中的村姑。（采自陈高华等主编：《中国服饰通史》）

卒校胥吏，为制一等。其罗縠、绮纨、织文、絺绣，自人君至于庶人，同施均用。"元祐年间，文彦博亦说："数十年风俗僭侈，车服器玩多逾制度。"南宋时，这种议论更加多见。绍兴四年，赵彦卫即说："至渡江，方著紫

衫，号为穿衫尽巾，公卿皂隶，下至闾间贱夫，皆一律矣。"朱熹也说："今衣服无章，上下混淆。"这些都说明，两宋时代是服制开始松动的时代。

纠其原因，当有多种。一在于市场经济的繁荣，二在于庶族地主绝不可能像西周奴隶主贵族乃至魏晋门阀那样依赖服制来维系社会秩序，三在于社会阶层的分野更加模糊，四在于民族融合进入一个新的历史时期。

图 6-1-5　宋人绘《春游晚归图》中戴软脚幞头、穿圆领衫的官吏。（采自周汛等：《中国历代服饰》）

因此，朝廷命官以及士大夫，对于宋代有关礼服、朝服等有关规定，因其繁缛无比，加之在舒适、实用等方面也存在众多不便，在现实生活中并未完全遵行。尽管，在讲究身份和以服饰华丽作为高贵象征的封建时代，社会上层无不以追求华丽为时尚，但是，在宋代，官宦及士人的服装总的发展趋势便是逐渐带有民众化、实用化特征，致使民间流行的头巾、幞头等头衣，以及背子、凉衫、野服、短后衣等服装，皆成为一种士庶都可穿戴的服饰。（图6-1-5）

正是因为如此，宋代才出现了众多关于所谓"无礼"和"自贱"的事例。皂衣、白衫等本是下层劳动者所穿的衣服，但在宋代士人中也时见穿者。张舜民在《画墁录》中记载，他的兄弟曾穿过"皂衫纱帽"，范鼎臣见后训斥说："举子安得为此下人之服？当为白苎衫，系里织带也。"但陆游就不这样看。他在《厌事》诗中即说："韦布何曾贱，茅茨本自宽。"（图6-1-6）

即使在北宋后期流行起来背子这种服装，也当来自下层社会。叶梦得说，背子为"武士服"；朱

图 6-1-6　宋穿对折短衫、百褶裙的女瓷俑。（采自黄能馥等主编：《中国服饰艺术源流》）

图6-1-7 宋穿背子的杂剧演员。（采自周汛等：《中国历代服饰》）

熹说，背子"本婢妾之服"。背子有短袖"半背"和无袖"背心"之分，从这种被朱熹、陆游等人说其前辈衣着中也没有的所谓"背子者"看，背子更应是来自民间的服装。这种服装，到哲宗年间，已成为上自皇帝、下到百姓都普遍穿用的一种服装。传说，"王沂公……在太学时，至贫，冬月止单衣，无绵背心"。（图6-1-7）

"短后衣"也应是民间贫苦之人服用的一种衣装。传说，赵汝说年少之时，叶适这位名人曾到他家造访过。年幼的赵汝说着短后衣出来拜见，叶适叱责他为"不学"之人。陶毂在诗中也说："尖檐帽子卑凡厮，短靿鞾儿末厥兵。"。但到沈括时，他所见到的现实便是："近世士庶人，衣皆短后"。（图6-1-8）

本为"婢妾之服"的背子和短后衣之类服装，之所以在两宋之际成为上下通用的民众化服装，其主要原因当在于这类服装所具有的明显实用性特征。不过，背子之类服装在作为"婢妾之服"时，其作用则完全在于装饰。据说，琴棋书画样样精通，惟独不知道如何当皇帝的宋徽宗是一个追蜂戏蝶的高手。

图6-1-8 宋穿襦服的农家人物。（采自周汛等：《中国历代服饰》）

他在内侍张迪的唆使下，微服出宫，夜访东京汴梁名妓李师师，就是因为李师师穿着华丽的背子之类紧身短小服装而被销魂的。可见，对于从事卖笑生意的妓女来说，她们所利用的并不是这类紧身短小服装所具有的实用功能，而是利用背子之类服装所具有的透露功能，以宣泄女性的形体之姿和线条之美。（图6-1-9）

服装如此，被历代所重视的头饰更是如此。头巾原本是"贱者不冠之服耳"，但自北宋末年起，头巾已成为社会各阶层男子最为普遍的头上佩戴品。《宣和遗事》前集曰："是时，王孙公子、才子佳人、男子汉，都

图6-1-9 宋瓷侍女俑。

图6-1-10 宋代戴头巾、穿袍衫的士人。（采自周汛等：《中国历代服饰》）

图6-1-11 四川大足宋以头巾裹头的沽酒人石刻。（采自陈高华等主编：《中国服饰通史》）

是顶背带头巾，窄地长背子，宽口袴，侧面丝鞋"。苏东坡以一种黑色纱罗制成角巾，曾引起人们的效法而风靡一时，被称为"东坡巾"。至于文献中所记载的"程子巾"、"山谷巾"等，也当是因著名文人穿戴而被命名的。在头巾日益流行的风潮中，朝廷甚至下令，命士人以巾为饰。"宣和初，予在上庠时，俄有旨令士人结带巾，否则以违制论。士人甚苦之，当时有谑词云：头巾带，谁理会？三千贯赏钱新行条制，不得向后长垂，胡服相类。法甚严，人甚畏，便缝阔大带，向前面系……"。（图6-1-10）

以头巾裹头，安然舒适，因其形制简洁，比戴用冠要便利得多。因此，当头巾兴起之后，自古以来存在的冠礼也随之发生变异。北宋，高宗16岁为皇子时"始冠"。在民间，北宋末年时，王巩即说，冠礼已废近百年，当时男子冠礼，"谓之裹巾"。蔡襄于治平元年（1064）也说："冠礼今不复议。" 在民间，冠礼被裹巾所替代，因而这种成人礼又被称为"上头"、"裹头"等。（图6-1-11）

至于幞头和幅巾，也无一不是早已兴起于民间的头巾。宋代的幞头又称"折上巾"、"四脚"等，是由头巾之类头饰发展而来的一种装束。"仁宗崩，有司用乾兴故事，群臣布四脚加冠，于是时莫识其制，以幅巾幕首，坡其后为四脚……英宗崩，宋次道误为布幞头，有司遂为民间幕丧之服，以今漆纱幞头去其铁脚而布裹之，前系后垂而不可加冠"。由此可见，幞头这种在唐代为下层社会所戴的头饰，到宋代竟成为皇帝殡葬大典中的礼服。

在宋代，幞头品种和式样极多。在古代文献中，所记载的幞头名称有软脚幞头、花脚幞头、天脚幞头、高脚幞头、曲脚幞头、卷脚幞头、弓脚幞头、展脚幞头等等，可见，幞头的变化主要在脚上。幞头的两脚在宋代初年时远比以往要长，特别是"贵贱通服"的直脚幞头，其脚在宋代中期以后越伸越长。据说，其因在于"庶免朝见之时偶语"。到南宋时，幞头的展脚又开始短了起来。因此，陈叔方说："幞头式范，与淳熙以前微有不同，秘阁奉藏艺祖御容，幞头展脚倍今之长。"（图6-1-12）

图6-1-12　北宋戴无脚幞头、圆领大袖袍的官吏俑。（采自黄能馥等主编：《中国服饰艺术源流》）

宋代是一个文化内秀而柔弱的时代，因而在女子的服饰上不仅更表现为标新立异、日新月异的特点，而且民众化服饰的影响最为明显。

宋代妇女所盛行的戴花冠风俗，当是由民间女子创制并影响到皇家女冠的一种服饰。佩戴花冠的风俗最早见于唐代。花冠有用像生花和鲜花制成两种，当是下层女性打扮自己的一种方式。北宋之时，东京街坊店内，有妇人"绾危髻"为客斟酒。南宋时，临安酒楼中有妓女"各戴花冠儿，危坐花架"。梦元老说："女童皆选两军妙龄容颜过人者四百余人，或戴花冠，或仙人髻……结束不常，莫不一时新妆，曲尽其妙。"在宋代，花冠上的花多为绢花，不同时节开放的花朵插在同一顶花冠之上，更显得繁花似锦。因此，宋人周密曾写诗戏说云："春色何须羯鼓催，君王元日领春回。牡

图6-1-13　南薰殿旧藏《历代帝后像》中的宋仁宗皇后像。（采自黄能馥等主编：《中国服饰艺术源流》）

丹芍药蔷薇朵，都向千官帽上开。" 至于服饰上的花纹，也都与时令景致有关。对此，陆游说："靖康初，京师织帛及妇人首饰衣服，皆备四时，如节物则春幡、灯球、竞渡、艾虎、云月之类，花则桃杏、荷花、菊花、梅花，皆并为一景，谓之一年景。" 在南薰殿旧藏《历代帝后像》中，宋仁宗皇后即戴九龙花冠，两边的侍女也皆戴有花冠。（图6-1-13）

至于来自民间的背子等服装，在上层社会妇女中也非常流行。在服饰上，理学大师朱熹是个复古主义者，但在他制定的服饰令中，规定："凡士大夫家祭祀、冠婚，则具盛服……富染则假髻、大衣、长裙；女子在室者冠子、背子；众妾则假紒、背子" 。周密也说，在皇家宴会中，"三盏后，官家换背儿，免拜；皇后换团花背儿，太子免系裹，再坐" 。这再一次表明，无论在法律上，还是在实际生活中，来自民间的背子都已经成为宋代正式服装。（图6-1-14）

图6-1-14 宋赵佶绘《听琴图》（局部）。（采自陈高华等主编：《中国服饰通史》）

对于服饰民众化趋向的出现，倒是南宋的史绳祖看到了问题的症结所在。他说：与三代相比，古有冠而无巾，"近代反以巾为礼而戴冠不巾者为非礼"，其因在于"衣服今皆变古" 。

两宋期间服饰越来越民众化，致使古代礼服尽丧局面的出现，曾令无数守旧者大为反感和痛心。著名文人司马光、朱熹等人，便是这类守旧者的代表。北宋时，司马光依据《礼记》记载，亲手制作出早已被历史淹没的深衣，穿在身上，以发泄内心思古之情愫。对此，邵雍非常反感。他说："某为今人，当服今时之衣。" 无独有偶，南宋时，朱熹这位著名的理学家亦作"深衣之制"，"用白细布，度用指尺，衣全四幅，其长过胁"，并在某些礼仪场合穿戴起来，起初还被一些士人所赞美，后来，朱熹受排挤，他所做的深衣也被指斥为"妖服" 。由此看来，司马光、朱熹等人实在是一群不识时务的腐儒，他们根本不懂得，服饰的发展与演变，是以现实生活的便利和时代审美观的变异为转移的。（图6-1-15）

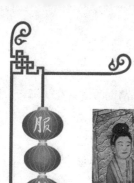

图6-1-15　白沙宋墓壁画：《夫妻对坐图》（采自陈高华等主编：《中国服饰通史》）

甚至，来源于上层社会的缠足陋习，也在两宋之际的服饰民众化风潮中得以逐渐形成。

缠足是中国古代社会摧残女性身心健康的一种陋习。这种陋习在魏晋南北朝时还没有出现。据说，南朝时梁代临川王萧宏与梁武帝的女儿永兴公主私通，图谋杀害梁武帝。永兴公主"乃使二僮衣以婢服。僮逾阃失屦，阍帅疑之……搜僮得刀，辞为宏所使"。男僮穿女婢之屦，且从脚上脱落，说明婢女的脚也不小，显然没有采取缠足这种陋习。（图6-1-16）

即使到唐代，女子缠足的风俗也没有出现。不仅唐代文献中见不到有关女子缠足的记载，即使在出土的有关文物中也没有发现女子缠足的迹象。（图6-1-17）在迄今所出土的唐代文物中，人们能够见到的，仅是女性对于美和尊严的追求。

但是，在五代有关文献中即已出现女子缠足的记载。据说，始作俑者当为南唐后主李煜这个政治上的失败者、文学上的佼佼者。在位15年的南唐李后主李煜，将江山拱手让给崛起于北方的大宋王朝的皇帝，是一个亡国之君。他好读书，善诗文，工书画，知音律，既有过醉生梦死般的生活，又有过亡国被囚的岁月。帝王与囚徒生活的巨大反差，使他的词取得了极高的艺术成就。李煜的词充满了一个不幸者的深沉和悲伤，流露出一个亡国之君和囚徒的肺腑之情。无论是"小楼昨夜又东风，故国不堪回首月明中……问君能有几多愁，恰似一江春水向东流"的哀叹，还是"无限江山，别时容易见时难。流

图6-1-16　北魏身穿广袖衫、对襟半臂、长裙，足蹬云头履的彩绘舞女俑。（采自《中国陶瓷·汉唐陶瓷》）

水落花春去也，天上人间" 的依恋，皆洋溢着浩天荡地的皇家气派，弥漫着亡国之君的无限悲痛，散发着囚徒罪犯的屈辱之态，在给人以震撼的同时，也将五代期间词界花间派的脂粉味洗刷殆尽。正是这位词写得上乘、皇帝做得不这么样的李煜，捧红了三寸金莲，也将"女为悦己者容"的服饰文化推到的极端。

据说，三寸金莲的问世即与南唐后主李煜的皇帝生活有关。李煜在做皇帝时，非常宠爱一位名叫 娘的宫嫔。 娘天生丽质，身段纤巧，聪颖无比，风流善舞。李后主令人作金莲高六尺，上面装饰有珠宝和璎珞等，让 娘"以帛绕脚，令纤小屈上作新月状"，穿素袜在金莲中翩翩起舞。小脚 娘舞于莲花之中，飘飘如仙，舞姿更加美妙，把李煜的魂都勾去了。从此，李煜对 娘宠爱无以复加。时人争相仿效，随之出现了"以纤弓为妙" 的风俗。后蜀毛熙震的《浣溪纱》描述的即是当时女子缠足的风俗：

图6-1-17 身穿半臂、小袖衫和高腰长裙，脚穿重台履的唐三彩女子。（采自《世界陶瓷全集·隋唐》）

> 碧玉冠轻袅燕钗，
>
> 捧心无语步香阶，
>
> 缓移弓底绣罗鞋 。

缠足成为一种风俗，当在两宋期间。北宋时，伴随程朱理学的流行，一味追求什么"妇道"的服饰文化悄然兴起，女子缠足之风也开始在城镇贵妇和妓女中出现。为此，文人们也推波助澜，开始在三寸金莲上大做文章。那个著名的文人苏轼即曾作《菩萨蛮·咏足词》云："涂香莫惜莲承步，长愁罗袜凌波去。只见舞回风，都无行处踪。偷穿宫样稳，并立双趺困。纤妙说应难，须从掌上看。"宋室南渡后，偏安江南的享乐促使缠足之风日甚一日。理宗朝，宫妃"束足纤直，名快上马" 。这种现象引来众多文人骚客为之吟诗作词，甚至连所谓的豪壮派词人的代表辛弃疾也在《菩萨蛮》一词中讴歌道："淡黄弓样鞋儿小，腰枝只怕风吹倒"。因此，在出土文物中，宋代妇女所穿弓鞋（俗称"小头鞋"）曾多有所见也就必然了。（图6-1-18）

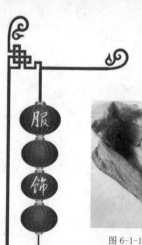

图6-1-18　湖北江陵宋墓出土小头绫鞋。（采自《中国历代妇女妆饰》）

元代，妇女缠足之风更为盛行。在江南水乡，"扎脚"蔚然成风，"人人相效，不为者为耻也"。那些无聊文人赞誉"三寸金莲"更是挖空心思，什么"湘裙半露金莲剪，翠袖轻舒玉笋纤"；"袖儿笼指十葱，裙儿簌鞋半弓"；"小小鞋儿四季花头，缠得尖尖瘦"等可谓连篇累牍。

"小脚一双，眼泪一缸"。这种摧残中国妇女千余年的陋习，虽起源于宫廷，但伴随两宋服饰民众化倾向的出现却成为一种禁锢和摧残中国妇女的陋习而影响深远。

更令人注意的是，两宋时代服饰民众化倾向的出现，与民族大融合不无重要关系。在这个新的民族大融合的时代里，不仅中国服饰演变中早已存在的汉服胡化以及胡服汉化的现象又一次得到了深化，而且使辽、金、西夏的民族服饰得到了充分展现，从而使两宋时代的服饰显得更加五彩缤纷、绚丽多姿。

图6-1-19　辽墓壁画中男女侍者形象。（采自陈高华等主编《中国服饰通史》）

辽的建立者为契丹族。传说，契丹早年的一位叫喁呵的酋长，戴野猪皮，披野猪皮，居穹庐之中，他的妻子窃其猪皮，遂"莫之所如"。到辽太祖时，契丹族才正式制定衣冠之制，规定："北班国制，南班汉制，各从其便焉"。这是有关少数民族政权之内推行胡汉服饰两套制度的较早规定，说明自辽开始，我国的民族融合方式已进入了一个新的历史的时期。（图6-1-19）

辽代国服所指为契丹服饰，包括祭服、朝服、公服、常服、吊服、田

图 6-1-20　库伦辽墓壁画中髡发、穿圆领窄袖长袍、高靿靴的
契丹族人形象。（采自陈高华等主编：《中国服饰通史》）

猎服等。尽管，这些服饰被规定为国服，但其中
所受汉服影响的痕迹还依稀可见。在库伦辽墓壁
画中所反映的契丹人服装形象最为生动，一号墓
墓道北壁《出行图》所绘主人与随从形象，皆着
窄袖圆领长袍，穿长　靴，发式为髡发，所反映
的契丹人服饰最为明显　，几乎看不出服饰被汉
化的特点。（图6-1-20）宣化辽墓壁画中的门
吏，髡发，身穿立领左衽长袍，足蹬长　靴子，腰
系佩带，带挂弓剑用的，也表现为典型的契丹服饰特点。（图6-1-21）
但宣化辽墓壁画《鞍马仆从图》中的幞头，其中不仅有交脚幞头与无交脚

图 6-1-21　宣化辽墓壁
画中的门吏形象。（采自陈高
华等主编：《中国服饰通史》）

幞头之分，还有
穿对襟长袍及左
衽圆领长袍等形
象。（图6-1-
22）这种交脚幞
头，在辽国服中
被称为"折上
巾"，是一种带
有契丹族特征的
特殊幞头。在宣
化辽代张文藻墓
壁画《散乐图》

图 6-1-22　辽墓壁画：《鞍马仆从图》。（采自黄能馥等主编：《中国
服饰艺术源流》）

图6-1-23　宣化辽代张文藻墓壁画《散乐图》。（采自陈高华等主编：《中国服饰通史》）

图6-1-24　宣化辽墓壁画《散乐图》）（采自陈高华等主编：《中国服饰通史》）

图6-1-25　宣化辽墓壁画《备茶图》（采自陈高华等主编：《中国服饰通史》）

中，穿圆领、窄袖、左衽长袍者居多，也有着直领、对衽长袍或短袍者，显然已受到右衽汉服的影响。（图6-1-23）在宣化辽墓出土另一幅《散乐图》中，所有人物的幞头皆与宋代官吏所戴无脚幞头大体一致，但脚上所穿为靴子。（图6-1-24）这两幅《散乐图》的差异，所反映的契丹服被汉化的痕迹还是非常明显的。

即使契丹女装也存在受汉服影响的特征。契丹女子服装为直领、左衽长袍，称为"团衫"。在辽墓壁画《备茶图》中，男主人髡发、穿窄袖圆领长袍和靴子，女子为立领、左衽长袍，发式为缀有饰物的三高髻，仍然表现为典型的契丹人服饰特征。（图6-1-25）但在另一幅壁画中所反映的契丹族女子服装，穿团衫既有左衽者，也有右衽者，已带有明显受汉服影响的痕迹。（图6-1-26）这种状况正如路振奉使辽朝后所说，他一路上所见"俗皆汉服"，惟有契丹、渤海妇女仍着"胡服"。

民族服饰文化的影响是双向的。在契丹服饰的影响之下，汉族服饰也发生的重大变化。苏辙曾于元祐四年（1089）奉使契丹，在今北京一带见到的汉人服饰已经开始契丹化。因此，他叹息道："哀哉汉唐余，左衽今已半"，"汉人何年被流徙，衣服渐变寻语言"。

金朝也不例外。金朝建立之初并无严格的服制，到熙宗年间，才参酌汉唐及宋朝服制确立起本朝服饰制度。

金朝的建立者为女真人，其发式为辫发，周剃之，服装为短巾、左衽，"诸人衽、发皆从本朝之制"。为保持金人服饰特征，金朝统治者曾数次下令"禁民汉服"，发式"不如式者，杀之"，代州有一军人，"顶发稍长，大小

图 6-1-26　辽墓壁画中的妇女形象。
（采自陈高华等主编：《中国服饰通史》）

图 6-1-27　河南焦作金墓出土戴瓦棱帽、穿窄袖长袍的吹笛砖雕俑。（采自《中国美术全集·雕塑》）
图 6-1-28　河南焦作金墓出土戴幞头、穿窄袖衫袍的乐陶俑。（采自周汛等：《中国历代服饰》）
图 6-1-29　张瑀绘《文姬归汉图》（局部）（采自陈高华等主编：《中国服饰通史》）

且不如式，即斩之"，一时因服饰而无辜受害者"莫可胜纪"。因此，在一些考古资料中能够见到金人的服饰特点。河南焦作金墓中出土的砖雕吹笛俑，梳双辫，戴瓦棱帽，穿窄袖长袍，有护胸，束腰带，脚穿尖头靴，当

图 6-1-30 金砖雕梳包髻，穿背子、长裙砖雕侍女俑。（采自《中国美术全集·雕塑》）

是较为典型女真人的装扮 。（图 6-1-27）另一乐俑，着幞头，穿窄袖衫、尖头靴，也是金人装束。（图 6-1-28）吉林省博物馆所藏原题金人张 《文姬归汉图》，所画虽为汉末人物故事，但服饰则具有金人特点。图中的蔡文姬戴貂帽，垂发辫，上身着半臂，内穿直领长袖上衣，腰束带，足蹬长 尖靴，皆为金人装束。（图 6-1-29）

金朝所推行汉人女真化政策，使女真服饰在北方地区流传起来。范成大于乾道六年（1170）出使金国，见金朝统辖区内汉民服饰习俗深受女真影响，"最甚者衣装之类，其制尽为胡矣。自过淮已北皆然，而京师尤甚。惟妇女之服不甚改而戴冠者绝少，多绾髻。贵人家即用珠珑璁冒之，谓之方髻" 。（图 6-1-30）

尽管法令严厉，但金人服饰仍然带有极明显的汉化倾向。对于汉服，金朝最高统治者内心中即存在羡慕倾向。金熙宗"雅歌儒服"，海陵王"见江南衣冠文物仪位著而慕之"。甚至，就连反对服饰汉化的金世宗、章宗所穿祭服、礼服等，也不遵守"前代之遗制"，而是"参酌汉唐" 改制的。

女真服饰对于汉服饰也产生了深厚影响。在北宋旧都汴梁，女真衣冠成为时髦货。范成大在《相国寺》诗中说："闻说今朝恰开寺，羊裘狼帽趁时新"，甚至寺中杂货"皆胡俗所需" 。陆游在一首诗中也写道："上源驿中捶画鼓，汉使作客胡作主。舞女不知宣和装，庐儿尽能女真语。"因此，南宋朝廷不得不一再颁布禁止"胡服令"，以杜绝临安"服饰乱常"，防止"左衽胡服" 现象的蔓延。

西夏与宋朝同样存在服饰的相互影响现象。西夏立国之初即效法宋朝的服饰制度，建立起自己的服制。不过，在西夏前期，在统治者中间曾出现过是实行"蕃礼"还是"汉礼"之争。党项族首领李德明曾对他的儿子李元昊说："吾族三十年衣锦绮，此宋恩也，不可负。"他的儿子"少时好衣长袖绯衣，冠黑冠"，却认为："衣皮毛，事畜牧，蕃性所便，英雄之生，当王霸耳，何锦绮为？"

如此"蕃礼"与"汉礼"之争，必然影响到西夏服饰的变化。元昊立国之后，"下令国中悉用蕃书、胡礼"。为恢复鲜卑旧俗，他下令国人剃发，不从则杀之，于是，"民争秃发，耳垂重环"。他制定衣冠制度，"始衣白窄衫，毡冠红裹，冠顶后垂结绶"。由此可见，"剃发、穿耳、戴环"是西夏初年的头饰特征。西夏榆林窟79窟东侧供养人，即为剃发、戴耳环的形象。（图6-1-31）在黑水城西夏遗址所出土的佛顶尊胜木版画中，有一男供养人的形象与榆林79窟供养人发式相同。（图6-1-32）

图6-1-31　西夏榆林窟79窟东侧供养人。（采自陈高华等主编：《中国服饰通史》）

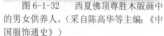

图6-1-32　西夏佛顶尊胜木版画中的男女供养人。（采自陈高华等主编：《中国服饰通史》）

图6-1-33　西夏黑水城出土《阿弥陀佛接引图》中男女两施主。（采自陈高华等主编：《中国服饰通史》）

到毅宗谅祚时，用"汉礼"，"遣使上表，窃慕中国衣冠，令国人皆不用蕃礼，明年当不以此迎朝使"。因此，无论在发式上，还是在服装上，都应发生了不同程度的变化。在西夏黑水城遗址出土的《阿弥陀佛接引图》中，有一男供养人形象，头顶似剃发，但两鬓有一络头发垂于耳前。（图6-1-33）这应是西夏男子秃发的一种变异形式。女供养人所戴冠，当为元昊时所定服饰制的一种表现。与敦煌莫高窟409窟东壁两个西夏王妃供养像所戴金属片冠饰也有相似之处。（图6-1-34）但两女供养人在所穿长袍上则有很大区别，前者为交领右衽，后者为直襟翻领，也能反映出前后的变化。在西夏黑水城遗址所出土的《月星图》（图6-1-35），及敦煌莫高窟491窟彩塑女供养人的形象，（图6-1-36）所穿服装为宽袖长裙，已带有明显的汉族服装特

第六章

图6-1-34　敦煌莫高窟409窟东壁西夏供养人形象。（采自陈高华等主编：《中国服饰通史》）

图6-1-35　西夏黑水城遗址出土《月星图》。（采自陈高华等主编：《中国服饰通史》）

图6-1-36　敦煌莫高窟491窟彩塑西夏供养人。（采自陈高华等主编：《中国服饰通史》）

图6-1-37　榆林29窟南壁供养人形象。（采自陈高华等主编：《中国服饰通史》）

图6-1-38　宋石武俑。（采自陈高华等主编：《中国服饰通史》）

征。即使西夏最有民族特色的武官服装，也带有较为明显的汉化特征。在榆林29窟西夏供养人中，有三个武官供养人形象，均戴软脚幞头，其中两人腰围宽边绣护髀。（图6-1-37）绣护髀是宋朝将士普遍使用的服饰，（图6-1-38）显然是受宋代服饰影响的一种体现。

两宋时代的服饰变迁再一次说明，文化即是这样一种相互融合而成长的人类财富。以"和而不同"为发展模式的中国文化，在两宋时代，在民族服饰的融合中，在不同民族的比较选择下，终于走出上"变古"的征途，弹奏出一曲波澜壮阔的民众化与民族化交响乐。大概正是如此，著名理学家朱熹才说了窝在他心中那句世风不古的凄凉话："今世皆胡服，如上领衫、靴鞋之类，先王冠服扫地尽矣！"

2. 农耕与游牧文化交融的赞歌

"大哉，乾元"。

蒙古族，这个崛起于蒙古高原的游牧民族是世界性征服者。大元建立后，蒙古统治者即对服饰作出相应规定。对此，元代官修政书说："圣朝舆服之制，适宜便事，及尽收四方诸国也，听因其俗之旧，又择善而通用之。世祖皇帝立国建元，有朝廷之盛，百官之富，宗庙之美，考古昔之制而制服焉。" 这种以"适宜便事"为服制制定原则，以"听因取俗之旧，又择善而通用之"为权衡变通策略的服饰制度制定方针，不仅显示了蒙元统治者的大度，而且使中国服饰在元代既保留了民族性、地区性和多样性特征，还促使服饰文化的融合处于一种祥和的社会氛围之中。

逐水草而迁徙的蒙古人，其主要服装为袍服。尽管，元朝建立后，宫廷服饰兼采中原汉服，官员公服、礼服等。为便于记忆，有人还穿戴礼服的歌诀。对此，元末人陶宗仪记录说："天子郊祀与祭太庙之日，百官陪位者皆法服。凡披秉须依歌诀次第，则免颠倒之失。歌曰：袜履中单黄带先，裙袍蔽膝绶绅连。方心曲领蓝腰带，玉佩丁当冠笏全。" 可见，元代蒙古人对于官服还是不太熟悉的。（图6-2-1）

图6-2-1　元墓出土礼服中的平金七梁冠。（采自陈高华等主编：《中国服饰通史》）

但是，崛起于蒙古草原的成吉思汗对于本民族的服装却是情有独钟的。为适应北方严寒气候，蒙古族对于皮毛衣服格外珍重。蒙古族的服装简朴实用，一年四季基本穿着皮革或毛毡制作的袄裤、帽子和皮靴。袍子和皮袄一般为窄袖紧身式，为遮挡风寒，常采用立领，衣襟为右衽，衣袍下摆皆较宽大，以便于遮挡鞍座和马背两侧的双腿。在皮袄之中，最为珍贵的当是黑貂皮制成的袍服。黑貂"黑而毛厚者为上，多以之为领缘，达官以为衣"。传说，铁木真在统一蒙古各部之时，即曾利用一件黑貂皮袍而与王罕结成了巩固的联盟。

成吉思汗有一个令人心酸的童年。他的父亲也速该被杀之后，作为长子的铁木真与母亲便过上的颠簸流离的艰难岁月。为恢复父亲的王位，铁木真迎娶了从小与自己订婚的妻子孛儿帖。铁木真有一件珍贵的黑貂皮袍，是他送给妻子的最珍贵衣物。在统一蒙古各部落的战争中，为得到弘吉刚部酋长王罕的支持，铁木真劝说妻子孛儿帖，将这件珍贵的黑貂皮袍献给王罕。为了丈夫的大业，孛儿帖忍痛割爱，将心爱的黑貂皮袍作

图6-2-2　《元世祖出猎图》（局部）中以黑貂皮镶边的皮袍。（采自陈高华等主编：《中国服饰通史》）

为礼物献给王罕。王罕大喜，从此对铁木真鼎力相助，最终统一了蒙古，成就了霸业。（图6-2-2）

因此，忽必烈及其后继者仍然注意保持民族"本俗"。蒙古人习惯于袍服，袍服仍是蒙古人的主要服装。只是，蒙古袍不同于其他少数民族"左衽"服装，而是"右衽而方领"。西方传教士鲁不鲁乞解释"右衽"说："这种长袍在前面开口，在右边扣扣子。在这件事情上，鞑靼人土突厥人不同，因为突厥人的长袍在左边扣扣子，而鞑靼人则总是在右边扣扣子。"

图6-2-3 露顶垂发辫、穿方格补袍、络缝靴、束组带、戴小方顶蒙古官吏及戴钹笠、穿交领衫童仆形象。（采自元刻《事林广记》插图）

曾出使蒙古的南宋人描述蒙古袍说："所衣如中国道服之类"；"正如古深衣之制，本只是下领，一如我道服。领所以谓之方领，若四方上领，则亦是汉人为之，鞑主及中书向上等人不曾着。腰间密密打作细折，不计其数，若深衣止十二副，鞑人折多尔。"（图6-2-3）

图6-2-4 陕西浦城洞耳村元墓壁画：《夫妻对坐图》。（采自陈高华等主编：《中国服饰通史》）

蒙古女子也穿袍服，只是更宽大一些而已。对此，西方传教士约翰 普兰诺·加宾尼说："男人和女人的衣服是以同样的式样制成的。"鲁不鲁乞说："姑娘们的服装同男人的服装没有什么不同，只是略长一些。但是，在结婚以后，妇女就把自头顶当中至额的头发剃光，穿一件同修女的长袍一样宽大的长袍，而且无论从哪一方面看，都更宽大一些和更长一些。"（图6-2-4）

蒙古贵妇女所穿袍服，有人称为"大袖衣"。南宋人赵珙说："大袖衣如中国鹤氅，宽长曳地，行则两女拽之。"元末人熊梦祥记载贵妇人的礼服说："袍多用大红织金缠身云龙，袍间有珠翠云龙者，有浑然纳失者，有金翠描绣者，有想其于春夏秋冬轻重单夹不等。其制极宽阔，袖口窄，以紫织金爪，袖口才五寸许，窄即大，其袖两腋摺下，有紫罗带栓合于背，腰上有紫纵系，但行时有女提袍，此谓之礼服。"（图6-3-5）

服饰

图 6-2-5 元蒙古汗国纳失辫
线袍。（采自陈高华等主编：《中
国服饰通史》）

制作蒙古袍的材料和颜色都不相同。在前期，蒙古人多用皮革制衣，后来大量用丝、棉制衣。由于生活习惯和为御寒使然，即使元代后期，蒙古人"在冬季，他们总是至少做两件毛皮长袍，一件毛向里，另一件毛向外，以御风寒。后一种皮袍，通常是用狼皮或狐狸皮做成的。当他们在帐幕里面时，他们穿另一种较为柔软的皮袍。穷人则用狗皮和山羊皮来做穿在外面的皮袍。"（图6-2-6）

在元代服饰中，一个很值得注意的现象，是制作衣服的材料和颜色并不完全反映等级的差别。对此，宋人郑所南说："衣以出海青衣为至礼……衣曰'海青'者，海东青，本鸟名，取其鸟飞迅速之义。曰'海青使者'之义亦然。虏主、虏吏、虏民男女，上下尊卑，礼节服色一体无别。" 这种服饰现象集中反映出蒙元建立者服饰文化等级观念中仍然残存军事民主色彩的特点。（图6-2-7）

图 6-2-6　西安出土
的元代穿袍服、皮靴的陶
侍卫形象。（采自周汛主编
《中国服饰史》）

元代蒙古人除穿袍服之外，还穿"搀察"等"衫儿" 的服装。这类服装为便服，在考古资料中多有发现。（图6-2-8）有一种类似于半袖的衣服，被称为"襻子答忽"、"比肩"。《元史·舆服志》谓："天子质孙，冬之服凡十有一等……服银鼠，则冠银鼠暖帽，其上并加银鼠比肩。"注云："俗称曰襻子答忽。"

一种被称为"比甲"的便服，也是

图 6-2-7 元墓出土穿袍服加彩男俑。
（采自黄能馥等主编：《中国服饰艺术源流》）

图 6-2-8 元加彩女俑，梳包髻，穿窄袖衫，外套半臂。（采自黄能馥等主编：《中国服饰艺术源流》）。

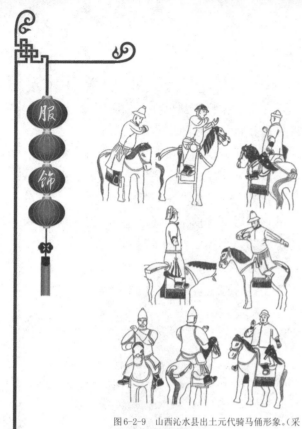

图6-2-9 山西沁水县出土元代骑马俑形象。(采自陈高华等主编:《中国服饰通史》)

图6-2-10 元墓壁画中剃婆焦发式,戴跋笠,身穿长袍,足蹬靴,腰束抱肚的男子形象,当与《元史·舆服志》所载穿质孙官服文字相吻合。(采自陈高华等主编:《中国服饰通史》)

蒙古族男女通用的服装。比甲,前有衣裳,无衣襟,无领,无袖,后身长,前后身用两襻连结,是一种便于马上活动的服式。《元史·后妃传一》云:"(后)又制一衣……名曰比肩,以便弓马,时皆仿效之。"明人沈德符也说:"元世祖后察宏吉勒氏创制一衣,前有裳无衽,后长倍于前,亦无领袖,缀以两襻,名比甲,盖以便弓马也。流传至今,而北方妇尤沿之。"(图6-2-9)

从元代宫廷中最为特殊的"质孙服制"上,也能看到此类军事民主意识的残存。"质孙"为蒙古语的音译,意为颜色,波斯语音译为"诈马",意为衣服,为宫廷宴会上穿的一色衣服。"质孙,汉言一色服也,内庭大宴则服之。冬夏之服不同,然无定制。凡勋戚大臣近侍,赐则服之。下至乐工卫士,皆有其服。精粗之制,上下之别,虽不同,总谓之质孙云"。尽管,元朝皇帝、百官及侍卫、乐工等所穿"质孙"的质量、面料、纹饰等并不完全相同,但颜色一致,这在其他朝代是不曾有过的。(图6-2-10)因此,一位叫普兰诺的西方人,在记述蒙古大汗贵由举行登基大典时的服装说道:"第一天,他们穿着白天鹅绒的衣服;第二天,穿红天鹅绒的衣服;第三天,他们都穿蓝天鹅绒的衣服;第四天,则穿着最好的织锦衣服。"此类每日穿同一种颜色服装的风俗,被称之为"质孙"。穿同一颜色服装参加的宴会,被称为"质孙宴",又称"诈马宴"。"国有朝会庆典，宗王大臣来朝，岁时行幸，皆有燕飨之礼……
与燕之服，衣冠同制，谓之质孙，必上赐而后服焉"。对于"质孙宴"，有
人写诗曰：

万里名王尽入朝，法官置酒奏萧韶。

千官一色真珠袄，宝带攒装稳称腰。

元代，蒙古男子的头饰为"冬帽而夏
笠"、"顶笠穿靴"，各式各样的瓦楞帽
为各阶层男子所用。男子发式"上自成吉
思，下及国人，皆剃婆焦，如中国小儿留
三搭头在卤门者，稍长则剪之。在两下者
总小角，垂于肩上"。元代蒙古人的帽子
也有多种式样，这在考古资料中多有体现。

元代蒙古妇女的冠饰最有特色。贵族
妇女，大都戴罟罟冠。"罟罟"一词，为
蒙古语音译，有"顾姑"、"姑姑"、"故
故"等不同写法。"凡诸酋之妻，则有顾

图 6-2-11　戴罟罟冠的元世祖皇
后像（南薰殿旧藏《历代帝后像》局部）。
（采自陈高华等主编《中国服饰通史》）

姑冠，用铁丝结成，形如竹夫人，长三尺许，用红青锦绣或珠金饰之。其
上又有杖一枝，用红青绒饰之"。元人李志常在《长春真人西游记》中说：
"妇人以桦皮，高二尺许，往往以皂褐笼之，富者以红绡，其末如鹅鸭，故
名姑姑，大忌人触，出入庐帐须低回。"还有人认为，罟罟冠是区别妇女
是否贵贱，以及已婚妇女和未婚姑娘的一种主要服饰。因为，"不戴这种
头饰时，她们从不走到男人们面前去。因此，根据这种头饰就可以把她们
同其他妇女区别开来。要把没有结过婚的妇女和年轻姑娘同男人区别开来
是困难的，因为在每一方面，她们穿的衣服都是同男人一样的"。蒙古
贵妇所戴罟罟冠这种较为特殊的头饰，甚至在江南地区被视为一大奇观。(图
6-2-11) 对此，陶宗仪在《聂碧窗诗》中写道：

双柳垂鬟别样梳，醉来马上情人扶。

江南有眼何曾见，争卷珠帘看固姑。

元朝，由于采取了较为平和的服饰政策，不仅使蒙汉之间有关服饰的
冲突没有像宋与辽、金之间那样较为激烈，而且使蒙古服饰与汉族服饰乃
至其他民族的服饰之间的融合在一个更加深厚的层次上展开。

元代蒙古人最先开服饰汉化之风的当为蒙古国时期的木华黎之子孛

图6-2-12 戴方巾，穿袍服围腰的侍卫。（采自周汛等：《中国历代服饰》）

鲁。他"美容仪，不肯剃婆焦，只裹巾帽，著窄服"。后来，元朝廷宫廷中的服饰，以及"右衽"的各种"公服"、大元皇帝护卫人员"怯薛歹"服饰的"中原化"，无一不是蒙古服饰汉化的一种结晶。（图6-2-12）

实际上，民间所流行的一些元代新出现的服装，当为蒙、汉之间服饰相互融合的一种产物。如在民间流行的比较体面男子外衣"上盖"即是一种。

被称为"上盖"者，可以是祅，也可以是袍。无管是祅，还是袍，都曾是蒙、汉等族习惯穿用的一种服装。在元杂剧中，有众多关于"上盖"的描述。如《神奴儿》中有这样一个场面：神奴儿自称"一般学生每，都笑话我无花花祅子穿哩"，他的父亲即要"拣个有颜色的段子，与孩儿做领上盖穿"。在元杂剧《陈州粜米》中也有此类台词：

图6-2-13 元墓壁画《买鱼图》。（采自陈高华等主编：《中国服饰通史》）

"好老儿，你跟我家去，我打扮起你起来，与你做一领硬挣挣的上盖，再与你做一顶新帽儿、一对净凉皮靴儿、一张靴儿，你坐着在门首，与我家照管门户，好不自在哩。"（图6-2-13）

图6-2-14 山西右玉元墓壁画中戴幞头、穿包袍的汉族男子。（采自陈高华等主编：《中国服饰通史》）

在元朝较为温和的服饰政策中，汉族服饰也在无声无息中发生着变化。两宋时代兴起以"穿衫尽巾"为标志的服饰短小化变革，伴随元代蒙古袍的流行而使袍服更加兴盛。这种局面的出现，恐怕宋代主张恢复深衣制的朱熹如果在天有

灵，也会感到兴奋不已的。（图 6-2-14）

元代，受蒙古袍服的影响，男女大都以袍服为体面服装。因此，能否有一件布袍，甚至成为身价的象征。如滕州邹县有个叫李仲谦人，虽担任浙西按察司书吏，但"教训之俸薄，奉养不给，妇躬纺绩以益薪水之费。仲谦止有一布衫，或须浣涤补纫，必俟休假日。至是，若宾客见访，则俾小子致谢曰：家君治衣，未可出。" 还有一个叫吕思诚的人，"家甚贫"，"一日，晨炊不继，欲携布袍贸米于市。室氏有吝色，因戏作一诗曰：典却春衫办早厨，老妻何必更踌躇；瓶中有醋堪烧菜，囊里无钱莫买鱼；不敢妄为些子事，只因会读数行书；严霜烈日皆经过，次第春风

图 6-2-15　元墓壁画：《九流百家街市图》。（采自陈高华等主编：《中国服饰通史》）

到草庐。" 还有一个"博学能诗文"的隐士，甚至连布袍和幅巾也没有，平日里只得"露顶短褐，布袜草履"。由此看来，这些低级官吏和士人身上不仅确有"穷酸味"，而且已与生活在社会最底层的劳动者的服饰较为接近了。（图 6-2-15）

对于一般民众，大概至今还在民间广为使用的"汗衫"、"背褡"等服装词汇，在元代已经成为公众的惯用语。在元杂剧中，《西厢记》有"书却写了，无可表意，只有汗衫一领、裹肚一条、袜儿一双、瑶琴一张、玉簪一枚、斑管一枝，琴童，你收拾得好者"的说词；《赵礼让肥》有"我则见他翻穿着锦纳甲，斜披着一片破背褡"的唱白。"汗衫"、"背褡"等服装名称进入杂剧之中，说明这已是妇孺皆知的名词。

当然，因为行业的不同，以及生活状况的各异，劳动者的服装也各有千秋。在至治年

图 6-2-16　元至治刻本《全相五种平话》插图中的劳动者形象。

间所刻《全相五种平话》插图中，有各种劳动者的形象，从中既可以看到元代生活在社会最底层的百姓服饰特点，也能够领悟出元代各族民众服饰

相互融会的神韵。（图 6-2-16）

　　元代从未有过的大一统局面的出现，以及服饰上所实行的"听因其俗之旧"政策，使各族服装影响在更深的层次上展开。其中，对蒙、汉等族影响最深的莫过于高丽服装。元朝末年，"宫衣新尚高丽样，方领过腰半臂裁"。时人谓："京师达官贵人必得高丽女，然后为名家。高丽女婉媚，善事人，至则多夺宠。自至正以来，宫中给事使令，大半为高丽女。以故，四方衣服鞋帽器物，皆依高丽样子。"江南地区，也受到这股风潮的影响。据说，有个叫杜清碧先生，"本应召次钱塘，诸儒争趋其门。燕孟初作诗嘲之，有'紫藤帽子高丽靴，处士门前当怯薛'之句。用紫藤缚帽而制高丽靴式样，皆一时所尚。"可见，高丽服装曾风靡一时。

甚至，元代所出现的汉族服装蒙古化的倾向至明代仍然在延续着。元朝末年，江南地区涌现一股服饰蒙古化的风潮。当时的士人多仿效蒙古人的服饰乃至语言，以便能在仕途上官运亨通。在这股风潮影响下，民间的服饰、语言、饮食以及器用都受到一定影响。对此，明人何孟春说，此种风气在明

图 6-2-17　元穿窄袖袍服的女俑。（采自周汛等：《中国历代服饰》）

朝还延续了百余年。甚至，在海南岛，明代还保留着有关服饰的某些蒙古语，如称小帽为"古逻"、系腰为"答博"等。（图 6-2-17）

　　元代对于后世服饰影响最为深刻的，当是黄道婆所推广的棉纺织技术。从有关文献记载和考古资料看，对我国影响最早的当是原产于印度的南路棉，其次为原产于埃及的西路棉。在夏商时代，南路棉已传入海南岛一带。但是，由于风土不宜论的制约，这种对人类衣着至今仍有重要影响的作物迟迟没有北传。元代，在农作物种植上的风土不宜论逐渐被打破，棉花这种与国计民生有重要关系的农作物开始北传，从而为黄道婆革新棉花纺织技术提供了不可缺少的时代土壤。

　　黄道婆为今上海华泾镇人，自幼失去双亲，孤苦无依，只得做了他人

的童养媳。在做童养媳的日子里，心灵手巧的黄道婆终日劳作却难以得到温饱。为此，她寻找机会逃出婆家，随一条商船来到海南岛。在海南岛，她用近30年的时间，从淳朴的黎族姐妹那里学到了精湛的棉纺织工艺。之后，黄道婆回到故乡，将全套棉纺织技术毫无保留地传授给家乡的姐妹，不仅使松江一带成为中国最早的棉纺中心，也为棉花在明代初年的迅速传播和中国人服饰的改变奠定了基础。黄道婆，这位伟大的女性，用自己的辛勤，在中国纺织史上谱写了光辉的一页。（图6-2-18）

这些都说明，元代既是中国服饰在农耕文化融会中谱写赞歌的时代，还是中国服饰在袍服为主旋律中向更加民众化、朴实化发展的时代。

图6-2-18 黄道婆塑像。

中西合璧服饰大展示

第七章

第七章
中西合璧服饰大展示

近代，对于中国来说，既是一个多灾多难的时代，也是一个民族觉醒的时代。在这时代的交替时刻，中国人在经过了无数的痛苦和挫折之后，发现了自身的落后和愚昧，终于昂起自己的头，决心来一番痛苦的改造，开始向着自立于世界民族之林的路上迈进。其中，即包括对于服饰的变革和改造。

1. 古代服饰制的祭台

在中国古代史上，服饰一直被作为社会等级制度和伦理政治的一种标识而盛行不衰，"服以旌礼"成为数千年古制而被严格地恪守着，稍有僭越便被视为大逆不道，轻则被名之曰"服妖"，重则被判刑治罪乃至杀头。这种局面统治了中国人数千年，伴随清王朝的覆灭才最终结束，中国人开始进入重塑服饰文化的新时代。

变革数千以来所形成的服饰制度，是从断发易服和反缠足开始的。

女子缠足，男子脑袋后面拖一条长长的辫子，这是有损于中国人形象的两大陋习。缠足摧残了女子的身心健康，辫子则被外国人讥称为"猪尾巴"。虽然，在太平天国运动中，也曾有过女子放足和男子剪辫的行为，但由于缺乏新思想和新制度的支持，这些行为也仅昙花一现，最终都化为乌有。在中国，真正开风气之先，将放足、剪辫和易服作为一种变革社会风气者则始自戊戌变法运动。

戊戌变法运动中所包含的社会风俗改良内容，既是中国近代史中的大事，也是民国年间服饰变革的前奏。其中，主要表现在放足、断发和易服三个方面。

缠足是中国古代社会摧残女性身心健康的一种陋习。这种陋习出现于五代，形成于两宋，普及于明清。明清之时，赞誉三寸金莲的病态性言论可谓汗牛充栋，女性以小脚为美已成为一种病态性社会审美心理。有首民歌这样唱："送郎送到五里墩，再送五里当一程。本待送郎三十里，鞋弓袜小步难行"。沈愚有首《绣鞋》诗这样说："几日深闺绣得成，着来便觉可人情。一弯暖月凌凌小，两瓣秋莲落地轻。南陌踏青春有迹，两厢待月夜无声。看花又湿苍苔露，晒向窗前趋晚晴"。有位叫姚灵犀的人有首淫诗甚至说："美人脚小倍温柔，能使名花见欲羞。傍晚漫加郎膝上，最钩春兴最销愁"。

　　女子脚的大小，甚至成为是否美丑的一种标志。"社会也就隐然有一种趋势，把小脚当成美女的标准，姑娘也就把小脚认为自己美丽的要素"。河南卫辉有首歌谣这样唱："小红鞋二寸八，上头绣着喇叭花。等我到了家，告诉爹妈，就是典了房子出了地，也要娶来她。"一位大脚女子，在婆家是没有什么地位的。流传在四川蓬安的一首民谣说："一张纸儿两面薄，变人莫变大脚婆。妯娌骂我大脚板，翁姑嫌我大脚婆。丈夫嫌我莫奈何，白天不同板凳坐，夜晚睡觉各睡各。上床就把铺盖裹，奴家冷得莫奈何。轻手扯点铺盖盖，又是锭子（四川话"拳头"的意思）又是脚。"

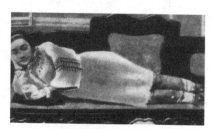

图7-1-1　晚清小脚淑女装饰。（采自徐城北《老北京》）

　　俗语说："小脚一双，眼泪一缸。"在封建礼教支配下，缠足陋习流行千余年，给中国妇女带来极大身心摧残。其实质正如《女儿经》所说："为甚事缠了足，不是好看与弓曲，恐她轻走出房门，千缠万裹来拘束。"（图7-1-1）

　　真正使缠足这种陋习得以从根本上稍有改变的，当为清代光绪年间出现的那场失败了的戊戌变法运动。在这场运动之初，康有为在《请禁妇女裹足折》中即说："女子何罪，而自幼童加以刖刑，终身痛楚，一成不变，此真万国所无，而凡为圣王所不容者也！"非但如此，康有为还联合家乡士人，组织不裹足会，并带头让自己的女儿放足。同时，康有为又上书光绪帝《请断发易服改元折》，认为这不仅在于革除陋习，而且是一种"与国民更始"，开始一种新生活的起点。因此，他极力劝谏光绪帝："自古大有为之君，必善审时势之宜，非通变不足以宜民，非更新不足以救国，且非改视易听，不足以一国民之趋向，振国民精神"。

图 7-1-2 清宫妃嫔所穿船形凤头彩绣鞋。

在放足、断发、易服三种主张中，相对而言，发祥于白山黑水之间的满清统治者对于放足这种议论还是能够给予支持的。满族女子为天足，清初统治者自入关那时起对汉人女子缠足即极为反感，曾数次下令禁止过，只是难以改变这种恶习，才使缠足之风愈演愈烈。因此，当康有为等维新派有关放足的言论一出，不仅各种报刊连篇累牍大事鼓吹放足，甚至连慈禧太后也在诏书中颁布"放足歌"说："照得女子缠足，最为中华恶俗"，"惟当缠足之时，任其日夜号哭；对面置若罔闻，女亦甘受其酷；为之推原其故，不过扭于世俗。"（图 7-1-2）

不过，断发则是清王朝最为忌讳的一件事。清初，统治者采用强硬手段逼迫汉人剃发留辫，断发违反祖制，是戳清朝统治者心窝子的一种行为。自清初开始，反清复明者即无不以蓄发为号召。即使到咸丰年间，在太平天国运动中，太平军也将"蓄发易服"作为反抗清王朝的一种政治性措施。在讨清檄文中，太平军即宣称："满洲悉令削发，拖一长尾于后，是使中国变为禽兽也"，特别强调"不许剃头，留须发蓄发，复中原古制"，

图 7-1-3 清末坐火车进京赶考的年迈举人（吸烟者），拖着一条长长的辫子，抱着一个光宗耀祖的梦，当是把辫子视为国粹的人。（采自孙燕京主编《晚清遗影》）

规定：凡天国官民，不分尊卑，男子一律蓄发不剃，或挽髻于顶，或披发于肩，以恢复汉族衣冠旧俗。因此，太平军被清廷蔑称为"长毛"。由此可见，在清代，辫子已成为大清国的一种标志，无论是蓄发还是剪辫断发，在统治者心目中，都成为一种大逆不道的反叛行为。何况，在辛亥革命前夕，断发还是留辫，已经成为反对封建专制，崇尚自由平等，还是维护封建王朝，深陷愚昧保守的一种分水岭。大概正是因为如此，在百日维新期间，即使光绪皇帝对革除剃发留辫陋习心有所动，也不敢贸然行事。在 1903 年拒俄运动中，许多留日学生纷纷剪去辫子，以表示与清廷决裂。山西"第二次派来的学生里头，很有几位老先生，保守辫子，好像一条生命似的，宁死也不肯剪掉"。后来，景梅九借同乡开恳亲会之机，发表了

服饰

一通剪发的议论，"革命同人，自然领会得来，拍掌喝彩地欢迎"。（图7-1-3）

清朝末年所出现的断发易服狂飙，首先在留学生中出现。清朝末年，为摆脱政治上的困境，挽救日益没落的封建王朝，政府曾派遣一部分年青学子出国留学。这些学子来到异国他乡，受到西方思想与文化的熏陶，逐渐意识到清朝所规定的发型和衣冠是一种保守与落后的象征，而精巧别致的西装和发式，则是突出个性和开放的装束。为此，有个留日学生写一首《辫子诗》，抨击蓄辫陋习说：

当其未生时，本来无辫子。

及其呱呱时，有发无辫子。

迨夫免襁褓，忽有小辫子。

并诸小辫子，为一大辫子。

偶然到日本，忽然无辫子。

一朝想做官，忽然有辫子。

不论真与假，但呼为辫子。

忠君与爱国，全视此辫子。

国粹宜保存，保存此辫子。

但愿遍地球，人人有辫子。

若问尔祖父，也曾有辫子。

只怕尔孙子，渐渐无辫子。

辫子复辫子，终归蹉辫子。

作诗以告哀，我亦有辫子。

图7-1-4　1905年剪去辫子的华兴会成员在日本的合影。前排左一黄兴、左三胡瑛、左四宋教仁；后排右一刘揆一。（采自孙燕京主编：《晚清遗影》）

因此，清末所出现的断发易服风潮，是在西方自由平等思想影响下出现的中华民族开始觉醒的标志。在这股风潮中，有的留学生便开始剪掉辫子，穿上西式服装，以一种新的风貌出现在世人面前。（图7-1-4）

在海外留学生中出现的剪辫风潮，首先在清末新军中产生了积极影响。1904年，清廷练兵处准备改换士兵服装，辫子是否被保留便首当其冲。有人上书清廷，历数辫子有碍于士兵作战能力提高的弊端，从而为新军中最早出现剪辫事例大造了舆论。1905年，新编陆军穿上新军服时，即有人剪去辫子。这一年出洋考察的40多位大臣，甚至有一半人剪去辫子。到1906年，"军界中人纷纷截发辫者，不可胜数"。

之后，剪辫风潮影响到南方沿海地区的学堂。1906年，"岭南学堂之

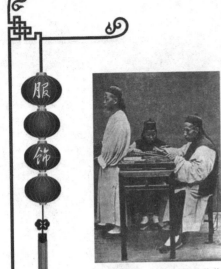

图 7-1-5 　清末私塾中拖着长辫子背书的学童与教书先生。（采自孙燕京主编：《晚清遗影》）

学生，同日剪辫者数十人。近日剪辫之旅客由外洋回乡，行游城市，见者不唯不惊为奇，且赞之曰：时尚。"一句"时尚"说明，清末发式变革观念已经发生了根本性变化，剪发必将成为一股不可阻挡的潮流而影响到中国服饰文化的变革。为此，清廷一再下令："除留学生外，有割辫洋装者，无论何项学堂之学生，一律惩办。"（图 7-1-5）

不过，此时的清王朝已成为强弓之末，令行而禁不止的现象屡屡发生。加之，1908 年慈禧太后这位弄权近半个世纪、顽固派势力代表的老佛爷去世，清廷中涌现出一批主张剪发的高级官员，剪发已成为一种不可阻挡潮流。

断发风潮伴随辛亥革命的爆发而终于成为一种合法行为。1911 年 12 月 7 日，清廷只得顺应民心，下谕："凡我臣民，均准其自由剪发"。这表明，被视为清王朝国粹的辫子连满清政府也最终予以放弃，一场真正的服饰革命将从此拉开大幕。（图 7-1-6）

图 7-1-6 　武昌起义后，革命军在街头剪辫子。（采自徐凤文等：《中国陋习》）

但是，自古以来便以"服以旌礼"相标榜的封建服饰制度是不可能立即退出历史舞台的，总有那么一些人在千方百计地祭奠已经死亡的封建王朝的幽灵。其中，最为突出的代表性人物便是辫子军统帅张勋和那个一心想当皇帝的袁世凯。

张勋妄图复辟清王朝，他所组织的勤王军以辫子为特征，被称之为"辫子兵"。结果，演出了一场辫子军进京复辟的闹剧。

袁世凯，这个窃取辛亥革命胜利果实的野心家，对于当皇帝想得头痛。1915 年 12 月 12 日，他穿着一身绣龙袍，前去天坛祭天，举行所谓的登基大典。这一倒行逆施激起全国人民的愤怒，不久，袁世凯也在民众的反抗怒潮中一命呜呼。可笑的是，袁世凯的遗体仍然头戴平天冠、身穿祭天绣龙袍入殓的，俨然如同"大行皇帝"一般，又一次演出了一场复辟的闹剧。（图 7-1-7）

张勋与袁世凯的复辟闹剧，仅是清朝遗老遗少祭奠封建幽灵的种种表演而已，如同过眼烟云，瞬间即逝。但剃发留辫和缠足作为一种风俗，也并不在几天之内即可以完全消失的。尤其是"牵一足而动全身"的缠足，有的地区缠缠放放，一波三折，断断续续，长达一个世纪之久。这实在是近代服饰万象更新中一个不和谐的音符。

图 7-1-7　身穿龙袍的袁世凯像。

即使在民国年间，缠足仍是一个非常严重的社会问题。如山西省自 1916 年颁布禁止缠足条例后，曾连续数年下达有关禁止缠足的指令，但到 1933 年全省 15 岁以下缠足的女孩还有 32.2 万人。1928 年，妇女缠足的比例，湖北为 59%，河北为 50%，察哈尔为 53%。在云南，1933 年，"妇女缠足者仍遍地皆见，并未实行解放，闻之不胜骇异"。该年，一位欧洲人汤姆生"至中国采办小足妇女，粤之东莞、晋之大同、湘之益阳、秦之兰州、浙之宁波、苏之扬州，莫不物色殆遍，但所订条例甚苛，一须年在二旬左右，二须金莲刚三寸，三须容貌俏丽，一角春申，知难寻觅，故惟有奔驰内地而网罗焉"。（图 7-1-8）

图 7-1-8　纯真的少女，却受缠足之苦。（采自徐凤文《中国陋俗》）

缠足陋习在全国范围内的最后终被荡涤，应在中华人民共和国建立前后。因此，在此期间的放足，被称为"解放脚"。现在，这部分妇女大都已是七八十岁的老人。大概正是因为如此，作家杨杨才在 20 世纪 90 年代写了一篇报告文学，名之为：《中国最后的小脚部落》。

这既是中国古代服饰制的最后祭台，也是东方这头睡狮真正醒来的最后神坛。

2．服饰变革风潮的涌动

服饰与发型，既是一个时代社会生活风尚的物化标识，也是社会生产、生活与政治伦理的一种产物。

有清一代，曾经出现过三次有关服饰与发型变异的轩然大波。第一次发生在清初，是以满清统治者推行剃发易服令，强迫汉族接受满族发型和服饰为标志的带有民族歧视性质的风俗变异，从而使剃发拖辫，穿长袍马

褂成为服饰的一种主流风尚。

第二次发型和服饰变异出现在清朝咸丰年间，是以太平天国政权颁布蓄发易服令为标志的中国历史上惟一农民政权的服饰变革，但这次蓄发易服变革并没有从根本上否定中国自古以来"服以旌礼"的性质，所体现的仍然是等级制度。太平天国的蓄发易服，不仅保留了清朝流行的长袍马褂，而且还带有强求一律的特征。在太平军内，诸王皆穿圆领宽袖黄龙缎袍，以绣龙多少为差。天王绣9龙，俨然如同皇帝。（图7-2-1）

第三次发型和服饰变异发端于光绪年间的戊戌变法运动。这次发型与服饰变革的推动力则在于民众的觉醒，从而掀起了一场以变异发型和服饰为表象，以推翻封建统治为目的的风俗变异狂飙。

虽然，资产阶级维新派将断发易服作为一项维新主张提了出来，但是，在此期间并没有将易服的主张付诸实施，仅是一种舆论宣扬而已。光绪二十四年（1898），康有为上《请断发易服改元折》，恳请光绪帝下诏断发易服。在此之后，一些报纸也开始宣扬断发易服主张。此类议论被宣扬，意味着以断发易服为内容的新风俗、新时尚不仅将问津中国这个文明古国，而且标志着一种新的文化因素将掺入到中国服饰文化变革中来，中国服饰将出现一个从来没有过的新的变革时代。

图7-2-1　太平天国天王马褂（左）及忠王龙袍（右）示意图。（采自周汛等：《中国历代服饰》）

真正能够将清代冠服制送上断头台的，是中华民国的建立。辛亥革命推翻了清王朝，也从根本上动摇了封建专制之下所建立起来的服饰制度。中华民国的创立者孙中山就任临时大总统后，立即通令全国，"于令到之日限20日，一律剪除净尽"，"以除虏俗，以壮观瞻"。与此同时，又下令服饰改良，从而在中华民国初年出现了一个服饰变革的风潮。

中华民国初年所出现的服饰变革风潮，不同于以往历代王朝的改元易服之举。历代王朝所实行的改元易服，所变的是形式，不变的是服饰所带有的等级性和伦理性。中华民国所实行的服饰变革是在反封建思想指导下的风俗改良运动，荡涤和摧毁的是封建主义的衣冠之制，推行的是不以等级定衣冠的新制度，在中国服饰演变史上具有划时代的意义。

《中华民国临时约法》明确规定："中华民国人民一律平等，无种族、阶级、宗教之区别"。

1912年10月，中华民国以政府公报的形式颁布男女礼服，规定：

男子礼服分为两种：大礼服和常礼服。大礼服及西式礼服，有昼夜之分。昼服用长与膝齐，袖与手脉齐，前对襟，后下端开衩，用黑色，穿黑色长过踝的靴。晚礼服似西式的燕尾服，而后摆呈圆形。裤，用西式长裤。穿大礼服要戴高而平顶的有檐帽子。晚礼服可穿露出袜子的矮筒靴。常礼服两种：一种为西式，其形制与大礼服类似，惟戴较低而有檐的圆顶帽；另一种为传统的长马褂，均黑色，料用丝、毛织品或棉、麻织品。（图7-2-2）

女子礼服用长与膝齐的对襟长衫，有领，左右及后下端开衩，周身得加以锦绣。下身着裙，前后中幅平，左右大襴，上缘两端用带 。

固然，如此服饰规定仅是对少数官员而言的，但其中所贯穿的不分尊卑贵贱、人人可享受服饰平等的思想却具有极为深远的意义。这种规定不仅使西方服饰首次得到中国官方的认可，为西方服饰文化在中国的进一步

图7-2-2　民国初年戴眼镜和礼帽的男子。

传播奠定了基础，而且在常礼服中又推行西式和中式双轨制，体现了对于民族传统服装的重视和个人对于服装选择自由的尊重，第一次使炎黄子孙享受到自由着装权的阳光。因此，此规定颁布之后，不仅使"宫廷内外，一切前清官爵命服及袍褂补服翎顶朝珠，一概束之高阁" 成为一种历史的必然，而且使一个中西土洋、争奇斗艳服饰局面在民国初年出现于中华大地上也就不足为怪了。

这种争奇斗艳局面的出现，是民国初年服饰变革之际，民众性服装在尚未定型的情况下，到底应该穿什么，以及如何穿等问题上非常困惑前提下，只得各行其是的一种反映。在新文化运动中，首先提出打倒桐城谬种、宣扬"共和与孔经绝对不能并存"的钱玄同，1913年在就职浙江教育司司长时，竟然身穿春秋时代的深衣玄冠前往军政府报道，甚至还发表《深衣冠服考》，宣扬深衣制。浙江丽水光复时，就有两个人"头戴方巾，身穿明代古装，腰佩龙泉宝剑，站在街头欢迎"革命军 。在城市街头上，所能见到的情景是："有剪了头发穿件长衫戴顶洋帽的，也有秃着头穿洋装，这是剪发的一起了。不剪发的呢？大半不梳辫子啦，有的把髻梳在前面像

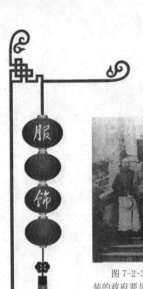

图 7-2-3　广州国民政府成立时，穿各式服装的政府要员合影。

一朵花，像一个蝴蝶结似的，也有梳在头顶上，梳在两边的，梳在后头的，有千百个式样"；"中国人外国装，外国人中国装"；"男子装饰像女，女子装饰像男"；"洋洋洒洒，陆离光怪，如入五都之市，令人目不暇接"；"西装东装，汉装满装，应有尽有，庞杂不可名状"。（图 7-2-3）

　　这确实是一个服饰大混乱的时代，也是服饰变革必然要经过的一个阶段。

　　在如此服饰变革迷茫与困惑时期，学生装首先以令人耳目一新的变异出现在人们面前，无疑透露出一种新的时代气息。

　　学生装的变革，自清代末年即已揭开序幕。那些在曾东洋或西洋求学后回国的学生，同时也把日本和欧美等国的服装文化带回到国内。他们所穿着的西装革履，以极其鲜明的特点和形象为中国传统服装文化的变革注入了新的活力，不啻为一股强劲的春风，促使中国传统服饰文化发生了质的变革。1903 年，时任广西梧州中学总教习的胡汉民，甚至容许学生在"岁时令节，学生披洋衣揖孔孟"。固然，在封建王朝还没有寿终正寝的清末，这种行为仅是凤毛麟角，但无疑是一支报春花，向世人报告了服装变革、民众衣着打扮不再受政府法令约束的自由春天的到来。（图 7-2-4）

图 7-2-4　民国初年，北京仍然着装不一的女学生。（采自徐城北：《老北京》）

　　在学生服装变革之中，男生服装的变革似乎并没有引起多大的社会关注，好像在无声无息之中即发生了明显的变异。但是，在女生着装上，却出现了不休的争论。

　　民国初年，能够进入学校接受教育的女子多是富裕之家的花季少女。这类女子既拥有一定的经济条件，能够购买日益新异的时装，又具有追求男女平等和自由的思想，对于时装的渴望较其他女子更为强烈，从而形成了一个明显的服装变革群体。1913 年，天津《大公报》即在一篇评论中指斥广东女学生说："穿着猩红袜裤，脚高不掩胫，后拖尾辫，招摇过市"，认为这种"日变古怪"的服装,"其始不过私娼荡妇所为,继则学生纷纷效法。"有的报纸甚至认为:"妓女效女学生,女学生效似妓女。"显然,这种将女学生服装变革与妓女服装的变异联系在一起的议论,是把女学生追求自由与个性美同妓女追求标新立异、花样翻新混淆起来的一种恶意诽谤。正是在这种局面下,整顿学生服装便成为各地教育界一时的要务。(图7-2-5)

民国初年,有关女学生装争论的焦点在女生上衣及裙式样、面料、颜色等方面展开。在民国初年兴起的倡导新女性朴素无华、追求天然本色的思潮中,女学生装的样式越来越趋向简洁大方,服装面料则以出身各阶层家庭的女生都有能力制作的棉布为主,服装颜色则摒弃了旧有的以色彩鲜艳、图案花俏的观念。最终,朴素大方的白布衫和黑布裙因受到绝大多数女生的欢迎而成为在校女学生的主要校服。(图7-2-6)

图7-2-5 1916年,北京穿校服的女学生。

在女学生服装变革的影响下,民国年间,不仅女性袄裙装迅速发生变化,而且以短且素的上衣与深色的套裙为主的袄裙装成为后来女性知识分子的流行服式。(图7-2-7)

与学生装流行的同时,西装也在大都市悄然兴起,成为都市服装的新时尚。在这方面,十里洋场的上海成为最有代表性的城市。当时,追逐时髦男子的装束为:"西装、大衣、西帽、革履、手杖,外加花球一个,夹鼻眼镜一付,洋泾话几句,出外皮蓬或轿车或黄包车一辆"。(图7-2-8)女郎追求的时髦为:高领、短袄、凸乳、细腰、长裙,"尖

图7-2-6 20世纪30年代天津女学生装束。(采自陈高华等主编:《中国服饰通史》)

头高底上等皮鞋一双,紫貂手筒一个,金刚钻或宝石金扣针二三只,白绒绳或皮围巾一条,金丝边眼镜一付,弯形牙梳一只,丝巾一方"。为此,有的人写诗感叹道:

中华民国禀物质,不务精神尚形式。

图7-2-7 民国年间知识女性服装款式。(采自韦荣慧主编:《中华民族服饰文化》)

大汉虚传统一名,满目五光兼十色。

更有西装阔少年,短衣窄袖娇自怜。

足踏黄革履,鼻架金丝边。

自诩开通世莫敌,爱皮西地口头禅。

醉心争购舶来品,金钱浪掷轻利权。

在西装革履与学生装的冲击之下,中国传统服装应该向何处去?

为此,有人从维护国货的立场出发,无不担忧地说:"民国气象一新,人士趋改洋服洋帽,其为数不知凡几,若不早为之计,必至不可收拾。"有的人则建议用国产布料来制作西装,有的人则建议尽快设计中国人自己的服装。

正是在这种历史背景之下,中山装得以问世,旗袍得以推陈出新,长袍马褂得以改造,袄裙得以随意翻新,从而奠定了民国年间中国服饰的主格调,促使中国服饰在 20 世纪二三十年代期间曾一度出现过日新月异、时装不断翻新的潮流。

为变革服装,孙中山提出了"要点在适于卫生,便于动作,宜于经济,壮于观瞻" 四项原则。这四项原则既是推动民国服装平民化、大众化的指导方针,也是中国服饰最终摆脱传统冠服制影响和制约的一种标志。正是在这种思想的指导下,中山装得以问世。(图8-2-9)

图7-2-8 头戴礼帽、身穿大衣、手柱文明棍的男子。

关于中山装的来源,说法并不一致。有的认为中山装是参照英国猎装而来的服装;有的认为中山装是南洋企领文装的改造形式;也有的认为中山装是在日本陆军士官服基础上改制而来的;还有的人说中山装来源于日本铁路工人服。较为流行的说法的是,辛亥革命后,孙中山从欧洲返回上海,在荣昌祥呢绒西服号定做服装时,要求以西服为模本,改大翻领为立翻领,前襟纽扣5个,袖口3个纽扣,前胸上下左右4个口袋，外加软盖。据说，中山装的设计具有一定的含义：4个口袋代表四维，寓意不忘礼、义、廉、耻传统美德；前襟5个纽扣或曰寓意国民政府五权（行政、立法、司法、考试、监察）分立，或曰汉、满、蒙、回、藏五族共和；袖口3个纽扣寓意民族、民权、民生三大主义。

图8-2-9　身着中山装的孙中山先生。

　　中山装是中西服装合璧的一种产物。在制作上，中山装既引进了西服的剪裁技艺，注重人体比例和生理特征，又运用了传统服装制作中的缝、撬、镶、滚、绣、绞、拔、搬工艺，使中西缝纫技艺有机地融合为一体，推动了中国服装业的发展。在审美观上，既吸收了西装贴身、干练的特点，又体现了中国人讲究对称、凝重、端庄、朴实的情趣，符合中国人内向、持重的性格特征。在样式上，结构合理，上下得体，左右对称，舒展大方。由于孙中山先生带头穿着中山装，使这种服装很快流行。20世纪20年代末，中山装被定为礼服，从而获得"国服"的隆誉。（图7-2-10）

　　旗袍是在传统服装基础上吸收西装的特点，张扬女性美而形成的又一

图7-2-10　重庆谈判中身着中山装的毛泽东和蒋介石。

种"国服"。民国以前的女性，所崇尚的是含蓄、文静之美，体现的是"乐而不淫"、"厚人伦，美教化"的审美情趣。因此，自清初以来所盛行的旗袍平直呆板，缺乏节奏感和个性美。乾嘉之后，虽然旗袍在色彩和装饰上极尽雕琢之能事，但也仅是镶、滚、贴、盘、绣、荡等缝纫技艺的充分展示而已。因此，在有关慈禧、瑾妃、婉容等人的照片中，尽管袍服艳丽无比，金绣银裹，花团锦簇，雍容华贵的派头无以复加，但难以反映女性体态美和突出个性美，人人模样一致，个个风格雷同，不啻为一群呆板的木偶。（图7-2-11）

　　吸收西装所具有的袒胸露臂、挺胸收腹、突出人体曲线美特点之后而形成的新式旗袍则不然。新式旗袍进入20世纪20年代后首先在上海兴起，但最初仅类似于无袖的长马甲，其风格即如张爱玲所说："初兴的旗袍是

图 7-2-11 宫女簇拥下的慈禧太后像。

严冷方正的，具有清教徒的风格。"后来，下摆逐渐加长至小腿部，袖口加大，高领，淘汰长裤，但造型还是直线型，腰线较低。30年代初，兴起收腰，旗袍更加贴体，纤细的腰身，衬托隆起的胸部，使女性线条之美得以充分展现同时，也将旧式旗袍呆板单调的特点洗刷殆尽。（图7-2-12）

与旧式旗袍不同的是，新式旗袍是依据西方服饰文化中所包含的人体曲线美理念而加以剪裁的。这正如张爱玲所说："民国初年的时候，大部分的灵感是得自西方的。" 新式旗袍以高低不同的领口，体现东方女性的庄重之

图 7-2-12 20世纪30年代各种不同的旗袍时装。（采自周汛等：《中国历代服饰》）

美和舒展之美；以收拢的腰身紧裹腰枝，上显女性胸部的丰腴，下显女性臀部的圆润；以长而低垂、开合自如的开衩下摆，微露而不尽露女性玉腿之韵；以极短或全无的袖拢，宣泄女性玉臂之美。如此新式旗袍，满足了女性着装既需遮掩，又需袒露的要求，以简约而又流畅的线条，极其自然地烘托了女性的线条美，掩饰而不风流，将庄重、娴雅、文静、秀丽这些东方女性的特有神韵融会为一体。（图7-2-13）

加之，旗袍之上既可尽情施展"女红"技艺，描龙画凤，又可轻描淡绣，不加任何人工雕饰。因此，新式旗袍在富贵之家既可尽显老妇威严与高贵之气，又可尽展千金与少妇浪漫与豪华之态；对于小康之家的女眷来说，新式旗袍既能展现主妇的风情万种，也能宣泄小家碧玉的风姿无限。至于贫苦之家，扯几尺白竹布、蓝花布，自家缝制一件旗袍，也是家庭经济所能够承担得起的。（图7-2-14）一件服装制式，可贵可贱，可老可少。如此不分贫富、年

图 8-2-13 20世纪二三十年代北京头烫发，身着高开衩旗袍，足穿高跟皮鞋的摩登女郎。（采自徐城北《老北京》）

龄和肤色的旗袍，是以庄重为主格调的西式裙装所望尘莫及的。

长袍、马褂是清代流行的服装。民国年间，长袍马褂又被定为礼服之一。但此时的长袍马褂已是经过改造的服装。长袍大襟右衽，长至足踝，袖为平袖，长与马褂齐平。马褂为对襟五粒扣，窄袖，长至腹。不仅长袍和马褂再无箭袖式样，而且与瓜皮帽、鸭舌帽、罗宋帽、西式帽、礼帽等各式帽子相配，形成了一种新的风采。（图7-2-15）

长袍马褂被视为中国传统服装，在北京等地最为流行。即使在着装较为欧化的上海，长袍马褂在知识分子中也十分盛行。（图7-2-16）对此，杨沫在《青春之歌》中这样描写：

余永泽过去是穿短学生服的，可自从一接近古书，他的服装兴趣也改变成纯粹的"民族形式"了。夏天，他穿着纺绸大褂，或者是竹布大褂、千层底布鞋；冬天，是绸子棉袍

图7-2-14　20世纪20年代彩绣大襟长袖旗袍（1）与30年代流行的印花衬绒长袖旗袍（2）、短袖旗袍（3）、刺绣短袖旗袍（4）、坎式旗袍（5）和无袖旗袍（6）。（采自陈高华等主编：《中国服饰通史》）

外面罩一件蓝布大褂，头上是一顶宽边礼帽，脚底下竟穿起了又肥又厚像小船一样的"老头靴"。道静不喜欢他这样打扮，老里老气，不像个年青人。可是他却说这就是爱国。整理国粹和民族服装就是爱国的具体表现，这在余永泽的言论中是时常隐隐出现的。

与长袍马褂相比，袄裙的翻新在中国近代服装发展史上具有开天辟地的重要地位。

袄裙，自古以来即是中国女性的主要着装。只是，在传统思想禁锢下，袄裙这

图7-2-15　民国年间北京四合院中穿长袍的男子。（采自徐城北：《老北京》）

种女性装除在盛唐时代等某些特别开放历史时期能够展现女性所具有的线条美之外，在漫长的中国封建社会中，无不皆以尽量发挥服装所具有的遮掩性功能而流传着，从而使传统袄裙这种女性服装成为一种包裹中国女性美、显得非常呆板和拘谨的服装。不过，在清末民初之际，伴随西方文化的深入传播，清代服装本来已经存在的"男从女不从"规定，为服装所带有的袒露功能首先在女

图 7-2-16　民国初年男子长袍与礼帽。（采自陈高华等主编：《中国服饰通史》）

性袄裙装上得到体现，从而使中国服饰进入一个多变和随意的时代。

　　近代女性袄裙装的最根本变化之处，在于逐渐凸显人体美，集中地体现和反映了中国服饰变革的精髓所在。

　　清代末年，传统女性袄裙装的变革首先在上衣领口等部位得以出现。在封建坚冰还没有被打破的时代背景下，女性上衣领口变革的趋势似乎以越高为越时髦。之所以如此，在于那高耸齐耳的"元宝领"能够托起下腭，使头部难于转动，身体也随之挺直，从而使女子显得更加亭亭玉立，文静端庄。显然，这种高领女性服装既是张扬传统观念强调女性贤淑之美的一种产物，也是在清朝服饰高压政策稍有松动下追求女性自然美的一种表现。因此，不仅高领服装成为清末民初被女性所青睐的一种时髦服装，而且揭开了中国近代展现女性线条之美服装变革首先从袄裙之上开端的序幕。（图7-2-17）

　　在近代，中国女性袄裙装的变革，是以上衣的装饰性及领与袖的大小高低、裙的长短及装饰性为基本参数和标志的。在上衣的变革上，到光绪年间，女性上衣的长度逐渐加长至膝盖以下，袖子也日趋肥大，领口袖边皆镶有各种宽大的锦绣。之后，上衣才逐渐变短，衣领逐渐加高。进入民国以后，高领上衣虽一度流行，但很快即趋向为矮领或无领。至于上衣的袖子，有长有短，有宽有窄，衣身也长短不一，袖口和领口处仍然盛行镶边样式倒流行多年。（图7-2-18）

　　女性袄裙由高领到无领，所体现的是又一种服装设计观念和新的审美观的流行。高领在于体现女性服装的遮掩功能，而无领反映的则是女性服装的显露之美。大概正是如此，在 20 世纪 20 年代初期，当无领女性上衣兴起于上海时，便被人称之为"无领主义"，从而引发了一场轩然大波。其中，极力赞颂者有之，恶意反对者亦不乏其人。

追求美是一种人性的本能。无管赞颂，还是反对，或是当局动用政权的力量横加干涉，能够体现女性之美的无领袄裙装终于大行其道。进入民国年间后，什么"一字领"、"大翻领"、"荷叶领"、"鸡心领"、"方形领"、"菱形领"、"圆形领"等各式衣领相继盛行，追求美的女性凭借多变的上衣领口，不仅将颈部裸露在外，而且将胸部的一部分也裸露在世人面前。继之而来的是，上衣袖子式样的日益翻新和裙子与旗袍的不断变革，从而

图 7-2-17　清末上海妇女所穿高领箭袖服装。（采自孙燕京主编：《晚清遗影》）

使袒臂、露胫的女性装也相继上市，冲破旧礼教樊笼的勇气在女装上洋溢有加，既充分显示了 20 世纪二三十年代中国服饰文化的开放性，也反映了服装加工业在服装变革潮流中的推波助澜作用。（图 7-2-19）

服饰文化的发展，表象在于服装式样和花色品种的日新月异，动力则于对各种旧观念和旧意识的排除与涤荡。20 世纪二三十年代女子服装的

图 7-2-18　1902 年的汉族少女照片中所反映的装束。（采自孙燕京主编：《晚清遗影》）

日趋袒胸露臂化，招致守旧者的一片舌噪。五四运动前夕，上海一议员向江苏省长呈文说：

妇女现流行一种淫妖之时下衣服，实为不成体统，不堪寓目者。女衫手臂则露出一尺左右，女裤则吊高至一尺有余，内穿一粉红洋纱背心，而外罩一有眼纱之纱衫，几至肌肉尽露。此等妖服，始行于妓女。夫妓女以色事人，本不足责，乃上海各大家闺阁，均效学妓女之时下流行恶习。妖服冶容诲淫，女教沦亡，至斯已极 。

显然，此种保守谬论，是衣冠政治伦理化意识仍然顽固地潜藏在民众心理深处的一种反映，当为辛亥革命后传统衣冠制仍不时回潮，以及肆虐

图7-2-19　20世纪二三十年代追求时尚女子的着装。

中国汉族女子千余的缠足等陋俗难以最终退出历史舞台的思想基础。（图7-2-20）

不过，时代大潮最终将荡涤一切陈腐守旧观念，以西方服饰文化为指导的祖胸露臂女性服装俏然兴起之际，中国传统女性服装中的袄裙装也在急速地变化着，终于成为女性时装最为主要的一种表现形式。

民国年间，在现代服饰意识的指导下，女性袄裙经过一番改造，上衣逐渐向着长度短小、无领或开心领、袖子短小、下摆宽松与紧身反差明显的方向发展，各种不同款式的衣衫终于风靡一时，呈现出日新月异、不断翻新的局面，时人誉之为"文明时装"。（图7-2-21）20世纪初期，有一篇名为《新旧妇人》的小说，其中描述的一位摩登女郎的装束为：

穿一件月白薄裙，蹬一双白色橡皮衬底鞋；袖儿短短的，贴在胳膊之上；襟儿窄窄的，把腰捆得同铁柱一般；腕上扣一个金钱表，指上有带了两个丽华洋行买的什么金刚钻宝石戒指儿，项下挂了一串豌豆大的宝素珠；左

图7-2-20　20世纪30年代穿背心的女子着装。

手提一个织锦票夹，右手握着一把绣花绸靫牙柄伞，挺胸凹肚……那项上领儿，足有五寸多高，其中扣子密密的，足有二十来个……

在民国初年，女性上衣虽呈现出逐渐收腰、衣长变短、袖子变窄、式样翻新的特点，但裙子的变化则不大。在此期间，长裙仍在流行，仅是面料颜色开始出现向淡雅、色彩对比度强烈方向发展的趋势。（图7-2-22）

20世纪二三十年代，是女性袄裙装变革最为迅速的时期。在此期间，女性袄裙装开始彻底抛弃了遮遮掩掩、忸怩作秀的旧态，迅速向着祖露的方向发生变化，从而使女性装所具有的展现线条美的功能更加显著。这些变化主要表现在：上衣袖变得短而宽，被称为"喇叭管袖子"开始流行；上衣长度进一步减少，以仅及腰下为尚的设计样式流行，甚至一度出现过上衣下摆呈圆角形样式的设计；（图7-2-23）上衣更讲究收腰，以凸现女

性的线条美。与上衣搭配的裙子，不仅讲究颜色上的和谐与鲜艳，而且出现以短为尚的审美观。上衣和裙子所用面料，以飘逸、淡雅、薄透、艳丽为时尚。同时，还讲究袄裙与丝袜、鞋子的搭配，以装饰女性之美。（图7-2-24）

除此之外，20世纪二三十年代毛线编织服装的盛行，既使女性服装所带有的随意性和变动性得到更充分的体现，也为时装的流行增添了一种新的服装款式。

据说，毛线编织服装源于欧美。与西装、旗袍和袄裙装不同的是，在民国年间，毛线编织还没有被投入机械化生产，而是完全依赖手工编织。因此，女性不仅可以根据编织者各自的心愿编织出式样众多的上衣、毛裤和各式围巾、帽子和手套、袜子等，对于丰富人们的服装具有不可忽视的作用，而且可以随时更改服装的式样，编织出更加新颖与

图7-2-22　民国初年对襟翻领上衣和褶光片的套裙（1）（采自周汛等：《中国历代服饰》）和女子婚礼服（2）。（采自陈高华等主编：《中国服饰通史》）

可心的款式和花色的毛线织品。这样，毛线编织无疑为女性随心所欲地打扮自己增加了一种新的手段，开辟了一个新的天地。对此，缪风华先生说："其法传自欧美，今日本女子学校手工科，均有此门。由是技术普遍而织物盛行，用途广阔而裨益民众，价廉物美而节约经

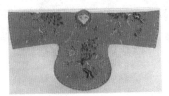

图7-2-23　20世纪30年代刺绣圆下摆女袄。（采自陈高华等主编：《中国服饰通史》）

费，其为切要何待言哉！"

毛线编织品在20世纪30年代后才逐渐在中国普及。其中，最多见的是毛线背心、围巾和帽子等，也有编织成大衣和旗袍者。各种毛衣既有无

图 7-2-24 20世纪30年代身着袄裙的城市女子。（采自陈高华等主编：《中国服饰通史》）

袖与有袖之分，也有对襟与套头之别，还有内穿与外穿之不同，可谓是品种繁多，不可胜数，充分体现了女性服装的随意性和独创性。（图 7-2-25）

20世纪二三十年代，是中西文化融会交流的重要时期，也是中国服装日益翻新的繁荣时期。以中山装的问世、旗袍的推陈出新、长袍马褂的改造和女性袄裙装的翻新为主要内容的中国服饰变革，充分显示了中西服饰文化融会的同时，也表现了中国传统服饰文化所具有的无比生命力，昭示着中国服饰文化将以一种新的面貌出现在世界服饰文化之林。

3. 时装潮，潮起潮落

自清末以来，尤其是民国年间的服装变革，为时装潮的变动不居奠定了基础。服装是人人不可或缺的生活必需品，既是社会身份地位的一种标志，也是伦理政治的一种体现。民国初年，西装的风靡一时和学生装的异军突起，促使中国服装在接受西方服饰文化的的基础上发生日新月异的变革，导致中国时装潮起潮落成

图 8-2-25　20世纪30年代穿手工编织毛衣的时髦的女子。

为20世纪二三十年代最令人瞩目的现象。

在中国，自古以来即有"时世妆"一说。不过，近代所出现的"时装"与"时世妆"是有一定的区别的。唐代大诗人白居易的《上阳白发人》诗赞扬"时世妆"道：

小头鞋履窄衣裳，青黛点眉眉细长；

外人不见见应笑，天宝末年时世妆。

由此可见，"时世妆"除包括"小头鞋履窄衣裳"外，还应包括"青黛点眉"的化妆在内，是一种含义更为宽泛的女性服饰。

当然，即使在中国古代史中，"时世妆"也主要是指反传统的服装而言的。因此，宋代范成大才在《古风送南卿》一诗中说："不能时世妆，萧然古冠服。"与之同时代的洪迈在《夷坚丁志》中也说："然服饰太古，似非时世妆。"这说明，凡是与传统服装风格截然不同的各种新式服装和装饰，在古代都被视为"时世妆"。（图7-3-1）

直至清代乃至民国年间，"时世妆"一词仍不时见于人文笔下。清代纪晓岚曾说："见一美妇，长不满二尺，紫衣青衿，著红履，纤瘦如指，髻作时世妆。" 可见，在此，纪晓岚心目中的"时世妆"亦侧重于女子的化妆这种含义。不过，民国年间，某些文人笔下的"时世妆"一词已包含有"时装"的寓意了。如阿英在《女儿节的故事》中说："个别地区，还束蒿为织女，首饰衣襦，仿时世妆，名七姐，就庭设供。"郁达夫在《读唐诗偶成》中也说："生年十八九，亦作时世妆。"这里"时世妆"一词，指的应为时装。这表明，20世纪20年代初期所出现的"时装"一词是由"时世妆"简化而来的。

不过，"时装"与"时世妆"是有不同含义的。"时装"一词的出现，既是西方服饰文化对中国服饰文化改造的一种结果，也是中国服饰文化打破传统衣冠制所强调的"服以旌礼"原则的一种结果，是自由、平等思想在中国服饰文化中占有支配地位的一种表现。

清末民初，是中国服饰文化所包括的内涵发生深刻变革的一个时期。"服以旌礼"的传统衣冠制，所体现的是封建礼制。这种服制只有在封建制度被推翻并彻底从人们的潜意识中被扫除之后，才有可能最终退出历史舞台。伴随清王朝的被推翻，"宫廷内外，一切前清官爵命服及袍褂补服翎顶朝珠，一概束之高阁"，便是这种现象的一种反映。只是，清朝虽亡，封建制度的残余并没有彻底被荡涤，仍然在人们的头脑中作祟。因此，才有张勋复辟和

图7-3-1 唐梳宝髻，穿宽袖衫，高腰裙，跷头履，绅带双垂的供养人形象。（采自《敦煌历代服饰图案》）

袁世凯称帝之类的历史倒退之举。与之同时出现的，便是张勋的辫子兵和袁世凯的皇袍加身之类的复辟闹剧！

即使已经退位的溥仪，对于那件龙袍仍情有独钟。民国成立之后，在紫禁城内，溥仪不仅仍然穿着龙袍发号施令，而且还对敢于染指皇帝服装的他人横加指斥。据说，有一天，溥仪的弟弟溥杰穿了件绣有四爪龙的袍子，溥仪见后，瞪大了眼睛质问道："这衣服是你能穿的吗？"溥杰低头看了看自己的衣服，只是一件绣有一条四爪龙的袍子，并没有什么过错。溥仪见溥杰不知错的样子，便说："我说的是颜色！"溥杰这才恍然大悟，原来自己穿了件明黄色的袍子。明黄色，这是不准其他人染指的皇帝服装专用色。于是，溥杰连忙告罪，乞求溥仪高抬贵手。由此看来，衣冠制所带有的社会等级的内涵，是一种根深蒂固的潜意识，是难以在短时间内被涤荡净尽的。

图 7-3-3　晚清满族贵夫人装束。（采自徐城北《老北京》）

可以说，在中国，数千年来，寓意代表至高无上内涵的那身龙袍曾经令希冀爬上皇帝宝座的野心家朝思夜想，个中原因即在于只有皇帝才有资格穿用。

固然，不同朝代最高统治者所穿龙袍可能稍有差别，但是，历经数千年，中国最高统治者所穿用的龙袍样式并没有多大差别。这说明，龙袍的制式具有无比的稳定性。

同样，与龙袍相配套的中国传统时代的服装，又有哪种不是"服以旌礼"的产物呢？又有哪种服装不具有一定的稳定性呢？从商周时的上衣下裳，到清代末年男子所穿长袍马褂，女子所穿袄裙，就其基本样式而言，并没有发生多大的根本性变化，只不过多了几点不同时代最高统治者的一点意志而已，其中所包含的"服以旌礼"的原则一点也没有淡化。（图7-3-3）

因此，中国传统服装应属于遮掩功能得到充分发挥的一类。这种服装以宽衣博带为基本特征，目的无外乎有两个：一是在于将穿着服装的人自身所拥有的所有瑕疵都严严实实地包裹起来，借以表明自己是一个尽善尽美的完人；二是在于标榜服装穿着之人的胸怀宽广无比，可以将世间的一切荣辱和廉耻都纳入自己胸怀中的人。

中国传统服饰所具有的这种特点，是中国传统文化所塑造的一种历史必然。中国传统文化是一种吸纳能力极强、体系恢弘无比、内涵博大精深的文化。这种文化以其所特有宽容和祥和，将无数的异质文化吸纳进自己的体系之内，在塑造了自己的顽强生命力的同时，也将自己所具有的诸如不思进取、追求安然等弱点和弊病掩盖了起来。中

图7-3-4 民国初年一个汉族家庭的装束。（采自徐城北：《老北京》）

国人的性格内向含蓄、不事张扬、平静恬淡、端庄朴实，传统时代宽衣博带式服装，整整将中国人的这种性格发挥得淋漓尽致。同时，中国又是一个礼仪之邦，对于礼节特别重视。因此，逢年过节、婚丧嫁娶、迎来送往等场合，中国人特别注意包括服饰在内的一切行为都与礼节相适应。这就决定了中国传统服饰所带有的宽衣博带特点，必然保持千百年来难以发生根本性变异的稳定性特征。（图7-3-4）

因此，凡是与宽衣博带相不同的服装便被视为异常而遭到抨击。在古代，窄袖服装被称为"胡服"，稍有点袒露性的服装便被称为"妖服"，仅是那些有点爱美之心的人才把与传统服装相左的服装称为"时世妆"。盛唐时代，"贵族及士民好为胡服、胡帽，妇人则簪步摇钗，衿袖窄小"

图7-3-5 新疆克孜刻尔石窟30窟飞天形象。（采自李斌主编：《唐文化》）

。正是在一片"胡音胡骑与胡妆，五十年来竞纷泊"声中，才发生了"时世妆，时世妆，出自城中传四方"的服饰变异迹象，致使盛唐时代的女性服装开始向着薄、透、露的方向发展，恣意无边的宽袖或无袖衫襦、婀娜多姿的裙子、飘逸潇洒的披纱，成为展示盛唐女性美的服饰，也使飘然若仙、形如飞天的形象成为中国古代与"窈窕淑女"不同的又一类展现女性美的服饰代表。（图7-3-5）

但是，不能忘记，那舒展而飞动的披纱，飘逸而透露的长裙，不仅局限于思想较为开放的盛唐时代所能允许服饰显露功能的最高极限，而且仅是以满足封建统治者与无聊文人的一种视觉和感官的享受而已。因此，这

图 7-3-6　民国年间穿长袍马甲、戴瓜皮帽的男子。（采自韦荣慧主编：《中华民族服饰文化》）

种"时世妆"不仅侧重于一个"妆"字；而且往往在侍奉皇帝的宫廷美女身上以及那些以色侍人的妓女身上发生。正是因为如此，当开放的盛唐过后，展现中国古代女性之美的服饰必然回归到以宽衣博带来遮掩女性形体之美的旧路，所留存下来的仅是于包裹严实的衣带之间流露女性一点贤淑德性之美的神韵了。

与古代"时世妆"根本不同的是，时装不仅是在渗透封建等级思想的衣冠制被荡涤和摧毁的历史前提下，而且是在中华民国初年推行不以等级定衣冠新制度的社会基础上，是在追求自由、平等和个性美思想开始漫溢的时代环境中，是在中山装问世、旗袍推陈出新、袄裙日益翻新的服饰变革浪潮中，出现的一种以张扬个性之美和形体之美为核心内容的服饰风潮。

这其中，长袍马褂被改造，所体现的仅仅是中国传统服装的稳定性。在民国年间，尽管长袍马褂在某些方面得到一些改造，但其基本式样仍然保留了清代以来长袍马褂的基本特点，只是将长袍马褂变成不讲究面料、颜色和各个阶层都可以穿着的一种服装而已。因此，这种传统服装是不可能被纳入时装范畴之列的。（图7-3-6）

即使中山装也没有进入时装的行列。固然，中山装的问世，在中国服饰史上第一次打破了传统服饰所具有的社会功能，但这种服装的问世与流行仍然是中国制服所带有的统一性思潮的一种产物，其中还或多或少地带有一点"服以旌礼"的残余。

对于中山装，民间的习惯性称呼为"制服"。何为"制服"？简而言之，应为机关工作者、军人、学生等穿戴统一规定式样的服装。统一，即是一种束缚；规定，也是一种约束。中山装所带有的统一性规定，必然使这种服装带有一种无形的约束性和规范性。因此，中山装自问世那天起即带有被政府所规定的服饰的某些特点。大概正是因为如此，这种服装才在其问世直至20世纪80年代初开始退出中国男性主要服装行列的漫长期间内，不仅始终保持了式样一贯的特点，而且一直是以政府官员标准服的面貌而存在的。因此，中山装同样不可能被纳入时装范畴中。

但是，自清末即开始发生变革的旗袍和女性袄裙装则不然。在旗袍的推陈出新和女性袄裙装的日益翻新浪潮中，左右和支配这种潮流的灵魂和主旋律，始终是在极力地张扬个性之美和形体之美，标榜的是人类审美观的进步与变异，荡涤的是服饰所负载的社会责任与伦理政治，讴歌的是个性的解放与自由，体现的是服饰变异的随意性，反映的是时装的多变性。

由"时世妆"到"时装"，虽然仅为两字之差，但反映的内涵则完全不同。"时世妆"所强调的是巧妆打扮，并不单单在一个"服"字，侧重点还在于一个"妆"字上。而"时装"所强调的是服装的与时代的俱变上，是一种在审美意识支配下随意随时都在发生变化的服装流行风潮。

图 7-3-7　民国穿低领连衣裙和凉鞋的时髦女子。（采自周汛等：《中国历代服饰》）

服装的多变性和随意性，是时装的两大基本特征。服装的多变性，体现了时装变动不居、时刻都在变化的表象性特征。而服装的随意性，所反映的则是支配服装发生的审美意识，是以服装来体现和反映人的个性之美和形体之美的内在性标志。两者相辅相成，互为依存，共同塑造了时装的潮起潮落。

可以称得上第一个时装风潮的，应该是中国服装的欧化倾向。民国初年，在清代衣冠制被抛弃，新的服饰制度还没有建立的情况下，西装在沿海一些大城市，尤其是在灯红酒绿的上海率先兴起，使西装成为追逐时髦男男女女的主要装束，西装革履和曳地长裙成为一种时尚。（图 7-3-7）

不过，仅仅西装革履和曳地长裙还不可能成为中国人特色独具的服装风潮。中国人自己的时装风潮是在西装革履和曳地长裙影响之下而出现的服装欧化性风流。其中，既包括上衣和下裳，也包括外套、内衣和鞋袜、发饰及装饰等一系列服饰上，从而使各种服饰相映成趣，从多个角度来立体性展现中国人的形体之美、个性之美。（图 7-3-8）

在这股服装欧式化风潮之中，无论上衣还是下裳，或是鞋袜和外套，那怕是一件小小的饰物，都可能在某个人类群体中引发起一股时装潮而导

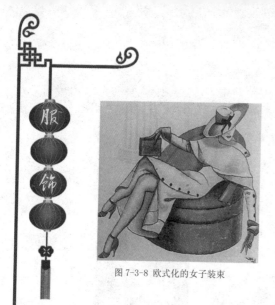
图 7-3-8 欧式化的女子装束

致某地乃至全国的躁动。如 20 世纪 20 年代后期在上海曾经风靡一时的女子红色高跟鞋，即是服装欧式化中所掀起的一股时装潮。对于中国妇女来说，高跟鞋似乎并不陌生。清代，满族贵妇所穿花盘底绣花鞋和汉族小脚妇女为掩饰脚大而穿的高底鞋，都是底部垫高的一类鞋子。西方的高跟鞋传入中国之后，妇女自然能够很快接受这种舶来品。穿上高跟鞋，可以收到挺胸收腹，突出女性线条美的效果。如果配上紧身曳地长裙或旗袍、紧绷轻柔的丝袜，自然使女性显得更加身材修长苗条,于亭亭玉立之中透露出女性的妩媚与动人。(图 7-3-9)

不过，应该看到的是，服装欧式化风潮的出现，最根本的贡献还是在于将服装的显露功能被引进入中国服饰的制作和设计中。充分发挥服饰的显露功能，既能够尽量展现个性之美和形体之美，也能够全面展现每个人的意愿，确保服装所带有的多变性和随意性的实现。追求和显示人体之美和个性之美，是资产主义时代到来之际思想启蒙运动中所出现的一种思潮。这种思潮为自由、平等、博爱、人权等思想的形成并成为一种不可抗拒的时代潮流开辟了道路，也为西装革履的出现提供了依据。在民国初年的西装革履风潮影响之下，中国人在将西装作为自己所喜欢的服装的同时，也接受了西装所带有的充分展示形体之美和个性之美的文化内涵。（图 7-3-10）

服装欧式化风潮，犹如一支报春花，不仅打破了中国传统衣冠制的坚冰，开启了一代服饰文化新风貌的序幕，而且为服装文化的变革提供了可以借鉴的思维模式和依据，为时装的潮起朝落奠定了基础。

正是在这种思潮的支配下，中国的传统旗袍得以推陈出新，能够以更加高雅、大方、飘逸和潇洒的姿态出现在世人面前，成为一种流行的时装。同样，中国传统女性袄裙装，也是在这股思潮的

图 7-3-9 民国年间穿半大衣、旗袍、丝袜和高跟鞋的时髦女子。（采自陈高华等主编：《中国服饰通史》）

推动之下，才变着花样地追逐时髦，从而使 20
世纪二三十年代在中国出现的时装潮涌更加澎湃
激荡。中国传统旗袍和女性袄裙装的日益翻新，
使中国时装潮起潮落，以特有的风姿展现了东方
女性的优雅、大方、潇洒与贤淑之美。（图 7-3-11）
对于这股时装潮中所涌现出来的各种女性服装，
美国著名服装设计师肖佛尔在他的《服装设计艺
术》一书中说道：

图 7-3-10　民国穿泳装
的女子。（采自陈高华等主
编：《中国服饰通史》）

　　中国服装的风格是简练、活泼的。它的式样
是更多地突出自然形体美的效果，优雅而腼腆。
这比华丽、辉煌的服装更有魅力。柔软的丝绸装
并没有欧洲古典服装那样繁琐的折裥，却设计为曲线的轮廓。这是主要的
造型手法，使妇女们在行动中能展示她们苗条的形体。折枝花卉的刺绣图
案在服装上是灵活而不呆板的，看来富有生气，使人感到愉快。

　　毫无疑问，时装如同时世妆一样，都有一个发源地，并由此而逐渐影
响到这种服装所能够传播的地区。但不同的是，比较而言，时装较之时世
妆所具有的影响力将更强烈，不仅传播范围更广，而且受其影响的人也将
更多。民国年间，得风气之先的十里洋场上海是时装风潮兴起的核心。据
说，当时法国巴黎所流行的时装传到上
海仅需三四个月的时间。在上海交际场
所中，各种新式女装层出不穷。20 世纪
20 年代，有一种款式又窄又长、素面无
绣文、被称为"番花"的裙子曾风靡一时。
时髦女子穿上这种裙子，再配上皮包、
蓝色眼镜、手表等，装扮成"番妹"模样。
之后，各式旗袍及袄裙装才风靡上海，
掀起了一股股时装热的同时，也使上海
成为中国乃至东南亚的时装中心。

图 7-3-11　穿开衩领旗袍、荷叶袖旗
袍、背带式连衣裙和披肩式旗袍的妇女。
（采自周汛等：《中国历代服饰》）

　　时装以其不可估量的影响力，促使自己不胫而走，像风一样传播到自
身能够传播的地区。时人曾说，在上海时装的影响下，即使素以简朴著称
的华北地区，也出现过"晚近服装日趋时髦，大旗袍、高腰袜之类，学界
青年转相仿效，视为摩登云"的风潮。甚至连长袍马褂盛行的北京，也

逐渐出现了时装潮。大概正是因为如此，有的人说："妇女衣服，好时髦者，每追踪上海式样，亦不问式样大半出于妓女之新花色也。男子衣服，或有模效北京官僚自称阔者，或有步尘俳优，务时髦者"。至于那些以占风气之先自诩的上海人，甚至编了一些挖苦和嘲弄乡下人追逐时髦的顺口溜："乡下姑娘要学上海样，学死学煞学不像。学来稍有瞎相象，上海已经换花样"。（图7-3-12）

图7-3-12 20世纪40年代北京歌咏会上女子着装。（采自徐城北《老北京》）

时装与古代曾经出现过的时世妆相比，之所以具有强大的影响力，除意识形态领域中的因素之外，另一个重要因素是时装已被纳入商业化运作之中。服装的商业化设计与制作，使时装能够处于不时地翻新与变幻之中，强化了时装的影响力和传播速度。

毫无疑问，时世妆即使出自宫廷之中，也大都是宫女们的手工作品。而时装则不然。进入民国年间，固然，中国的服装加工业还谈不上进入现代生产的阶段，但是，大都市中林立的服装加工店铺不仅已经具有了较强的服装生产能力，而且已经具有了一定的服装研究与设计能力。这些能力的具有，既为服装大量生产奠定了基础，也为服装款式的日益翻新提供了条件。民国初年，当西装开始流行之时，各大中城市中精明的服装制作店铺老板即意识到其中所蕴藏的无限商机。因此，上海西装制作店铺迅速出现并使西装设计与制作成为令人瞩目的行业。之后，南京、苏州、无锡等地服装店铺的老板们也"闭门贴招，盘外国细呢、西式新衣。列肆相望，无论舍店，皆高悬西式帽"。在湖南，城镇"文武礼服，冠用毡也，履用革也，短服用呢也，完全欧式"。甚至，连较为偏远的边疆地区，也受到洋装风气的影响和冲击。地处北疆的呼兰县，"近年库织品颇盛行，半属舶来品"。辛亥革命后，仅武昌一地，因进口西装竟输出白银2000多万两。天津于1912年春季，洋服和洋帽进口额即高达125万两。

如此局面的出现，必然导致中国因进口洋布、洋装而造成外贸逆差，利益外溢。对此，有识之士无不忧心忡忡。1912年，有人即指出："我国衣服向用丝绸，冠履皆用缎，倘改易西装，衣帽用呢，靴鞋用革，则中国不及改制呢革，势必购进外货，利源外溢。故必亿兆民用愈匮，国用愈困矣"，结果导致"农失其利，商耗其本，工休其业。" 为此，各种建议接踵而出。有建议以国产丝绸来制作西服者，有建议穿中国已有服装者，甚至还出现了什么"剪发缓易服会"等组织，以抵制西装和洋布的进口。

图 7-3-13 民国穿绣花短袖上衣及绣花裤的女子。（采自周汛等：《中国历代服饰》）

正是在这种忧患意识支配下，中国以店铺为主的服装加工业得以起步。服装制作店铺的迅速增加，培育了众多在服装创新上颇有成就的裁缝。虽然，此时的裁缝还没有摆脱手工业工人的性质，但他们凭借对中国传统服装所包含的文化内涵的准确把握，以及对西装所体现的欧美服饰文化内涵的深刻理解，不仅使中山装得以问世，而且使旗袍得以推陈出新、袄裙装得以不断翻新，从而使中西服饰文化得到恰如其分的融会与贯通，终于用自己的聪明才智塑造出一个个时装浪潮，使中国人的个性之美和形体之美得到充分的张扬。（图 7-3-13）

更为重要的是，适应民国年间的服装商业化需求，从未有过的时装表演得以问世，时装广告取得初步繁荣。在 20 世纪 20 年代初，时装表演对于中国人来说还是陌生的。因此，当时装表演在上海首次出现时，便引起一阵轩然大波。虽然，中国第一批时装表演者主要来自于演员，并不是现代意义上的模特，但已起到了模特的作用。这些模特在封建坚冰刚刚被打破，穿一件袒胸露臂的时装还被诬蔑为"妖服"、"诲淫"的岁月中，能够走上时装表演的舞台，本身即是一种勇气，既是新的服饰文化和新的审美观的一种表现，也是时装商业化运作的一种必然。（图 8-3-14）

时装广告的兴起和初步繁荣，标志着中国服装推销艺术进入一个新的岁月。不错，在古代，那些绸缎店铺为推销商品也曾用幌子和叫卖等方式来招徕顾客。但是，这种推销术与依靠新闻媒体推销商品是不可同意而语的。现代商品广告依靠新闻媒体或其他手段，不仅能够将商品信息迅速传播开来，而且能够在消费者心目中形成强烈的震撼，在引导消费的同时，也将有关服饰文化和理念传播到千家万户。

中国最早一份刊载时装广告的刊物当为上海出版的大型画报《良友》。《良友》创刊于 1926 年，以经常刊载美女时装照而招徕读者的同时，也对时装的流行起到宣传和鼓吹作用。在 1933 年 11 月《良友》第 82 期中，

第一次刊载注明"时装表演"的照片，其中的模特为红极当时的电影明星谈瑛、胡蝶等。她们装束入时，新颖标致，或坐或站，或躺或卧，或孤花独放，或群芳争艳，于亭亭玉立之间透露出东方女性的独特之美，在含情脉脉之中洋溢着中国服装的特魅力。（图7-3-15）

与此同时，以时装照和士女画为主要内容的月份牌、宣传画以及包装材料画也大量涌现，形成了那个时代所特有的时装广告文化现象。在广告画创作中，一些著名画家以简洁流畅线条和富丽堂皇的色彩勾勒出中国女性所特有的高雅、清秀、端庄和含蓄之美的同时，也将各种时装的特点以简洁明了的手法予以揭示，使人在欣赏时装之美、东方女性之美的同时，也领悟到服饰

图7-3-14 20世纪30年代月份牌上身穿短袖旗袍的女子形象。（采自徐城北：《老北京》）

图7-3-15 民国年间穿欧式上衣的模特。（采自陈高华等主编：《中国服饰通史》）

之美、某种商品之美。（图7-3-16）正是基于这种独特的时装广告画的兴起与流行，有的学者才将此称之为"月份牌文化"。

在此期的"月份牌文化"中，甚至有一些广告画以特写镜头形式，或直接宣扬时装魅力，或以穿着时装的时髦女性所特有的秀丽来强化商品的感召力，以刺激顾客的消费欲，更加显示了当时广告画所带有的特点。（图7-3-17）

20世纪二三十年代以服装加工的兴起和现代时装广告的出现为代表的时装商业化运作，不仅扩大和巩固的此间所发生的服装变革成果

图7-3-16 民国年间各种日用商品广告画中穿不同款式旗袍和袄裙的时髦女子形象。（采自陈高华等主编：《中国服饰通史》）

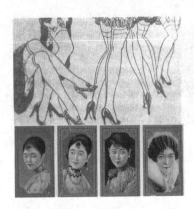

图 7-3-17　民国年间的长筒丝袜广告画及梳有各种发式的香烟盒上的广告画。（采自陈高华等主编：《中国服饰通史》）

及影响，促使中国现代服装文化的加速形成，而且使时装所具有的多变性和随意性得到体现，为时装风潮的潮起朝落和变动不居提供了不可或缺的历史条件。

不过，对于 20 世纪二三十年代民国年间的时装风潮及其影响程度绝不能估计过高。进入近代以来，由于经济与文化发展的不平衡，沿海与内地、城市与乡村、富人与穷人之间，逐渐形成了截然不同的两种装束特点。即使在同一地区，各种不同人群的着装也有极大的差别。1927 年，福建省建瓯县服装着装即可分为三类：第一类是"县城上、中两级的青年妇女"，着装与三五年前省会时髦妇女一样；第二类是"县城年长的妇女和乡村的妇女"，服饰仍然同二三十年前一样；第三类是"山乡的妇女"，服饰不讲究，"足仍缠得窄窄的，有尚嫌不窄，用木头装在足踵中下，假装小脚"。在河南汝南，乡村间的妇女贫穷如洗，甚至连饭都吃不上，哪里还有什么心思去赶时髦，只得穿"新三年，旧三年，缝缝补补又三年"的蓝色粗布

图 7-3-18　20 世纪 30 年代北京街头吃早餐的女子。（采自徐城北：《老北京》）

衣服，用黑布裹头。即使在北京这样繁华的大都市中，穿着时髦的女子甚至有可能到大街饭摊上吃饭，但在郊区，穿着时装的女子则不多见。据说，到西山郊游的游客中，"烫头发、穿高跟鞋、画眉、点唇的女子"极为少见，偶尔有那么几位出现在众人面前，当地妇女也必定说上几句不合时宜的话，或谓之是"妖怪"，甚而还有人说："拗，瞧，狮子狗！"（图 7-3-18）

何况，摩登时装与商业化运作结合在一起，必然使时装成为价格高昂的消费品，决不是一般人家所能穿用得起的。据说，在 20 世纪 30 年代的上海，包括皮鞋、丝袜、乳罩、短大衣、夹袍、手套、皮包等物品在内的

一身女子的春装最低消费估价也为 53.65 元 。当时，保姆的月工资约为 3 元，纺织女工的工资不过 2 元，即使大学教授的工资也不过在三四百元之间。因此，在那个时代，时装也仅是贵妇、名媛、电影明星和交际花等女性能够穿得起的高档消费品。至于民间女子是

图7-3-19　民国年间穿布制衫裤的女工和采菱女子。（采自周汛等：《中国历代服饰》）

不可能与时装沾边的，只能穿布制衫裤以求遮身护体而已。（图 7-3-19）

　　更何况，伴随抗日战争的全面爆发，20 世纪二三十代所出现的时装变动不居风潮也就嘎然而止。抗日战争期间，全国人民节衣缩食，支援抗战，崇尚服饰节俭成为一种不可阻挡潮流而影响到我国服饰文化的发展。各地民众，尤其是抗日根据地的军民，着装以朴素、大方为时尚，不仅孕育了一种新的服饰观，而且对中华人民共和国建立以后特有服饰文化的形成都带来不可估量的影响。

图片授权

东方 IC 网　中华图片库

北京图为媒网络科技有限公司

北京全景视觉网络科技有限公司

林静文化摄影部

敬　启

本书图片的编选，参阅了一些网站和公共图库。由于联系上的困难，我们与部分入选图片的作者未能取得联系，谨致深深的歉意。敬请图片原作者见到本书后，及时与我们联系，以便我们按国家有关规定支付稿酬并赠送样书。联系邮箱：zct06@163.com